Le Stelle
Collana a cura di Corrado Lamberti

L'Universo in 25 cm

Daniele Gasparri

 Springer

ISBN 978-88-470-1904-1   ISBN 978-88-470-1905-8 (eBook)
DOI 10.1007/978-88-470-1905-8

© Springer-Verlag Italia 2011

 Questo libro è stampato su carta FSC amica delle foreste. Il logo FSC
identifica prodotti che contengono carta proveniente da foreste gestite
secondo i rigorosi standard ambientali, economici e sociali definiti dal
Forest Stewardship Council

Foto nel logo: rotazione della volta celeste; l'autore è il romano Danilo Pivato, astrofotografo
italiano di grande tecnica ed esperienza
In copertina: la cometa 17/P Holmes, ripresa dall'autore nel novembre 2007
Layout copertina: Simona Colombo, Milano

Impaginazione: Erminio Consonni, Lenno (CO)
Stampa: GECA Industrie Grafiche, Cesano Boscone (MI)

Springer-Verlag Italia S.r.l., Via Decembrio 28, I-20137 Milano
Springer fa parte di Springer Science+Business Media (www.springer.com)

Prefazione

La mia immersione nella fotografia astronomica digitale risale al 2003, quando, grazie all'aiuto economico dei miei genitori, ho acquistato un telescopio commerciale in configurazione Schmidt-Cassegrain di 235 mm e una *webcam* per riprendere i pianeti. Negli anni successivi la mia strumentazione si è ampliata con l'arrivo di un telescopio Newton di 254 mm di diametro, una camera CCD, dedicata a riprese del cielo profondo e alla ricerca, prodotta dalla compagnia americana SBIG (modello ST-7XME) e alcune camere planetarie.

A quel tempo, non sapevo neppure collegare la *webcam* al telescopio; l'esperienza e la passione mi hanno fatto apprendere poco per volta le nozioni di base della fotografia digitale, fino a sperimentare nuove tecniche e contribuire allo sviluppo di progetti innovativi che mi hanno regalato la soddisfazione di scoprire un pianeta extrasolare e di riprendere certe formazioni superficiali di Venere nonché gli elusivi dettagli della sua atmosfera in infrarosso.

Recentemente, dopo sette anni d'onorato servizio, ho capito d'aver sfruttato tutto il potenziale dei miei telescopi, soprattutto per quanto riguarda l'*imaging* (termine inglese per definire la tecnica di ripresa dei corpi celesti) in alta risoluzione, così ho acquistato uno strumento di maggiori dimensioni e deciso allo stesso tempo di scrivere questo libro, in un certo senso per mettere in compartecipazione con altri le emozioni e le soddisfazioni che questi strumenti mi hanno regalato. Grazie all'analisi delle immagini riprese con questi telescopi e a una curiosità che mi è congenita, ho potuto infatti conoscere e indagare a fondo molti dei grandi temi dell'astronomia moderna.

L'osservazione del cielo ha affascinato gli esseri umani fin dall'antichità e per centinaia di anni le uniche osservazioni sono state effettuate a occhio nudo. Sono passati quattro secoli dall'invenzione del cannocchiale, che Galileo per primo puntò verso gli oggetti del cielo, scoprendo i crateri della Luna, i satelliti di Giove, le fasi di Venere. Il cannocchiale di Galileo era un semplice tubo composto da due lenti, un obbiettivo e un oculare: la qualità era talmente scadente che ora qualsiasi cannocchiale giocattolo moderno gli è superiore.

Negli ultimi dieci anni, l'avvento della tecnologia digitale, dalle videocamere, alle fotocamere, alle più specializzate camere CCD per uso prettamente astronomico, ha permesso all'astronomia amatoriale di fare un enorme salto qualitativo. La possibilità di registrare su supporti digitali di alta qualità le immagini che ogni strumento astronomico è in grado di offrire, e di analizzare i dati con il proprio computer, consente all'astronomo dilettante di svolgere un ruolo assolutamente di primo piano nel mondo dell'astronomia, non solo quella amatoriale.

Sebbene l'osservazione visuale del cielo sia molto appagante e ricca di soddisfazioni, questo libro si concentra in modo particolare su cosa un sensore di ripresa digitale è in grado di offrire quando viene accoppiato a un telescopio amatoriale. Il potenziale di ogni strumento è elevatissimo e l'osservazione visuale, benché regali molte emozioni, non è in grado di sfruttarlo appieno. Un sensore digitale registra molti più dettagli e permette di avere dati oggettivi da analizzare, a disposizione dell'intera comunità astronomica.

La struttura di questo libro è semplice: ci si basa sulle immagini per illustrare i risultati ottenibili con la moderna strumentazione astronomica e per dimostrare come sia facile entrare a far parte del mondo della ricerca scientifica. Da un lato, quindi, la voglia e la sfida di superare i limiti tecnici e teorici della strumentazione, anche per mettere alla prova le nostre capacità, dall'altro l'opportunità unica di apprendere i misteri dell'Universo dalle nostre stesse immagini, in un percorso di scoperta e di conoscenza che accomuna gli astronomi di tutto il mondo.

Due capitoli riguardanti l'*imaging* del Sistema Solare e del profondo cielo presentano i dati soprattutto dal punto di vista estetico. Il terzo capitolo è dedicato alle tecniche che la tecnologia digitale permette di coltivare: dai video *time-lapse* all'utilizzo di filtri oltre la radiazione visibile.

Tutte le immagini presenti (tranne dove indicato) sono state ottenute con strumentazione amatoriale, quasi esclusivamente con strumenti di 23 o 25 cm e sensori di ripresa digitali, spesso semplici *webcam*, in sette anni ricchi di soddisfazioni, ma anche di sacrifici e delusioni, che però hanno contribuito in modo determinante alla maturazione personale e professionale.

Questo volume si propone lo scopo di illustrare e spiegare, senza pesanti nozioni tecniche, i risultati che si possono raggiungere con strumentazione amatoriale che ogni appassionato del cielo può acquistare, spesso a costi contenuti. Mi piacerebbe che il lettore aprisse gli occhi su questo mondo affascinante, che nascessero in lui la curiosità e la passione per il cielo, comunicandogli alcune fondamentali nozioni di base.

Non servono grandi telescopi professionali per studiare e ammirare l'Universo, non serve cercare ossessivamente di avere un telescopio sempre più potente. Anche lo strumento più grande del mondo, se non utilizzato a dovere, non mostrerà mai immagini belle o utili. Un telescopio di 25 cm richiederà anni prima che venga sfruttato a fondo tutto il suo potenziale; non ha senso cambiare strumento alla ricerca di qualcosa che solamente la nostra capacità e dedizione potranno fornirci.

Mi auguro che i risultati ottenuti e l'entusiasmo provato in questi sette anni possano essere trasmessi attraverso le pagine di questo libro a voi lettori, sia se questa sarà la passione della vostra vita, il vostro lavoro, oppure il sogno di una notte.

Desidero ringraziare tutti quelli che mi hanno aiutato nella stesura di questo libro, soprattutto coloro che mi hanno sostenuto e incoraggiato nei momenti più difficili. Alcuni non ci sono più. Un ringraziamento sentito ai miei genitori: senza il loro sostegno non avrei ottenuto alcun risultato. Un ringraziamento di cuore a Silvia, che nei mesi in cui mi è stata accanto ha saputo riaccendere in me la voglia e la forza per seguire i miei sogni.

Daniele Gasparri
giugno 2011

Sommario

1. L'osservazione e lo studio del Sistema Solare

2. L'osservazione e lo studio del cielo profondo

Sommario

3. Tecniche e confronti

1 L'osservazione e lo studio del Sistema Solare

1.0 Introduzione

1.0.1 Cosa osservare

Il Sistema Solare è la famiglia dei corpi celesti, di dimensioni diverse, che ruotano intorno al Sole: la Terra, i pianeti, i satelliti e i corpi cosiddetti minori, come gli asteroidi e le comete.

Il Sistema Solare è la nostra piccola casa, all'interno di un Universo popolato da immense isole di stelle e gas, chiamate galassie, e da sterminati spazi vuoti e freddi. È una piccola cosa rispetto alla nostra Galassia, ma non per questo è meno interessante. Spesso l'astrofilo trascura l'osservazione del nostro vicinato, attratto da lontane nebulose e galassie. D'altra parte, chi è interessato al Sistema Solare, ma ancora poco esperto, è portato a pensare che l'osservazione dei pianeti competa solo ai grandi telescopi professionali, o alle sonde che periodicamente li raggiungono. Questo non è vero: il Sistema Solare, i pianeti, i satelliti, le comete e persino gli asteroidi, sono oggetti meravigliosi, alla portata di un modesto telescopio amatoriale, che vi mostrerà dettagli impensabili, al limite di ciò che possono i più grandi telescopi professionali; spesso si possono fare osservazioni utili anche dal punto di vista scientifico.

I dettagli da osservare sono moltissimi. Venere possiede un sistema di nubi complicatissimo e variabile nel giro di pochi giorni; Marte ha un'atmosfera molto sottile, ma la cui dinamica ricorda quella terrestre, con la comparsa e l'evoluzione di nubi simili ai nostri cirri, l'improvviso svilupparsi di tempeste di sabbia, che alterano le caratteristiche della superficie, sulla quale si possono osservare crateri, canyon, vulcani. Giove ha un'atmosfera così ricca che è quasi impossibile individuare tutte le formazioni presenti: zone equatoriali scure, variabili da un anno all'altro, nelle quali imperversano cicloni che si creano, si fondono o scompaiono nel giro di pochi giorni, contornati dalla danza dei quattro satelliti maggiori, il cui movimento è apprezzabile in pochi minuti; spesso attraversano il disco del pianeta, proiettandovi un'ombra nettissima. Le dimensioni angolari dei satelliti galileiani sono intorno ad 1",5, pochi ma sufficienti per poter risolvere i loro piccoli dischi e individuare anche dettagli superficiali, in particolare su Ganimede, il maggior satellite del Sistema Solare. E vogliamo parlare di Saturno, il pianeta con gli anelli? La sua atmosfera è simile a quella di Giove e periodicamente vi compaiono cicloni la cui dinamica non è ancora stata ben capita. Gli anelli sono magnifici e variano inclinazione da un anno all'altro: possono apparire molto aperti, in tutto il loro splendore, oppure di profilo, e allora tagliano in due il globo del pianeta con una linea sottile.

Un telescopio di 20-25 cm di diametro, munito di *webcam* o di una camera planetaria, vi permetterà di individuare almeno cinque anelli, ma, come vedremo, quelli visibili sono molti di più, insieme a una decina di satelliti, dominati da Titano, il cui disco ha un diametro di 0",90 ed è risolvibile nelle condizioni migliori.

In tutta questa meraviglia, abbiamo dimenticato di parlare della Luna e del Sole, due astri che si presentano molto grandi nel nostro cielo. La Luna è un vero e proprio parco di divertimenti, ricchissima di dettagli da osservare: migliaia di crateri dalle forme più strane, catene montuose imponenti che si stagliano con vette alte oltre 4000 m; valli e scarpate che si insinuano tra monti e crateri: non vi basteranno anni d'osservazioni per fotografare tutto ciò che un telescopio di 20 cm può offrire; dettagli di dimensioni a volte inferiori a 500 m.

La nostra stella, se osservata con un opportuno filtro solare, mostra un aspetto del tutto inconsueto nascosto ai nostri occhi dal suo bagliore accecante. La superficie gassosa pullula di enormi sacche di gas, del diametro di qualche centinaio di chilometri, che salgono dalle profondità, e poi, una volta raggiunta la superficie (propriamente detta *fotosfera*), si raffreddano e sprofondano di nuovo negli strati interni nel giro di pochi minuti: l'effetto è molto simile a quello di una enorme pentola in ebollizione.

Le macchie solari sono i dettagli più famosi ed evidenti della nostra stella; spesso hanno dimensioni molte volte superiori a quelle della Terra e presentano una trama complicatissima.

Se avete la possibilità di osservare con particolari strumenti, che lasciano passare solo una piccolissima banda nella regione rossa dello spettro (quella della riga H-alfa dell'idrogeno), potrete ammirare anche le protuberanze, enormi colonne di gas caldo che si sollevano per milioni di chilometri dalla fotosfera solare, cambiando forma rapidamente, a volte nel giro di pochi minuti.

Oltre allo spettacolo offerto dalle superfici e atmosfere dei pianeti, ci sono tanti altri oggetti ed eventi da osservare. Tutti testimoniano la grande dinamicità del nostro Sistema Solare: le eclissi totali solari sono molto rare ma spettacolari, assolutamente da vedere almeno una volta nella vita. Molto più frequenti sono le eclissi lunari, visibili senza dover affrontare scomodi e costosi spostamenti in giro per il mondo, durante le quali la Luna si colora di un rosso cupo per alcune decine di minuti. Le piogge meteoriche, gli avvicinamenti stretti tra i pianeti, oppure i transiti di essi (Mercurio e Venere) davanti al disco solare, sono tutti fenomeni cosiddetti transienti e altamente spettacolari.

Oltre a fornirvi emozioni, un telescopio, se utilizzato a dovere, può essere un ottimo strumento nell'analisi scientifica del comportamento dei pianeti e delle loro atmosfere, campo questo quasi totalmente in mano agli astrofili, poiché i grandi telescopi non possono essere impiegati per molti giorni sullo stesso oggetto. La risoluzione raggiungibile con le moderne tecniche di *imaging* digitale consente di monitorare e studiare le atmosfere dei maggiori pianeti: Venere, in ultravioletto (UV) e infrarosso (IR), mostra imponenti sistemi nuvolosi, la cui dinamica non è ancora stata capita e va quindi studiata raccogliendo preziosi dati. La stessa Agenzia Spaziale Europea (ESA) ha avviato nel 2006 una campagna per raccogliere riprese UV amatoriali dell'atmosfera di Venere, da affiancare alle immagini della sonda Venus Express, in orbita attorno al pianeta. Molte associazioni, presiedute spesso da astronomi professionisti, raccolgono e utilizzano riprese amatoriali di Marte,

Giove e Saturno, al fine di studiare la complessa dinamica delle loro atmosfere. Mercurio, il più piccolo pianeta del Sistema Solare, può essere agevolmente osservato solo da strumentazione amatoriale, poiché i grandi telescopi professionali non possono essere puntati a così esigue distanze dal Sole.

Fenomeni transienti, come occultazioni e transiti (questi ultimi si verificano solo per Mercurio e Venere), sono importantissimi per migliorare la conoscenza delle orbite o per indagare le atmosfere dei corpi coinvolti.

1.0.2 I pianeti non sono oggetti statici

Un normale telescopio di 20-25 cm, di buona qualità ottica, è reperibile sul mercato a un prezzo a volte inferiore ai 1000 euro e permette di effettuare lavori meravigliosi.

Una camera planetaria, spesso una semplice *webcam* (con costi che partono al di sotto dei 100 euro!), applicata a un tale strumento, permette di osservare valli e scarpate sul nostro satellite naturale (la Luna), le nubi di Venere, i vulcani di Marte, i crateri di Mercurio, i cicloni di Giove, addirittura crateri dei suoi satelliti principali, o i magnifici anelli di Saturno.

I fenomeni da riprendere ed indagare sono moltissimi, tutti rapidamente variabili nel tempo. Spesso si è abituati a considerare l'Universo, in particolare gli oggetti del Sistema Solare, come statici e invariabili: nulla di più falso.

Venere è completamente avvolta da una spessa cappa nuvolosa, che ruota su se stessa in quattro giorni, e si modifica continuamente da una rotazione all'altra. La Luna presenta così tanti crateri, valli e montagne, che è impossibile contarli ed osservarli tutti in una sola vita. Marte, proprio come la Terra, presenta le stagioni e una notevole dinamica atmosferica: le calotte polari si formano o si ritirano; larghe nubi coprono le vette più alte o le zone polari; spesso, durante i cambi di stagione, si scatenano violente tempeste di sabbia, che possono coprire l'intera superficie per mesi, o scomparire nel giro di pochi giorni, alterando non di rado le strutture visibili da Terra. Giove ha un'atmosfera ricchissima di dettagli e colori, in rapida rotazione (circa 10 ore) ed evoluzione: vi possono comparire nuovi cicloni, mutevoli in colore e forma nel giro di qualche giorno, che si fondono o scompaiono. L'intera circolazione atmosferica può subire drastiche variazioni da un anno all'altro, mentre le nubi mutano la composizione chimica (assumendo colorazioni diverse). I satelliti principali, detti galileiani, attraversando periodicamente il disco, o venendone occultati, con un moto di rivoluzione percettibile anche a occhio nudo, rendono il quadro tutto fuorché statico.

Saturno, in apparenza piuttosto tranquillo, manifesta a intervalli regolari vortici e cicloni nella sua atmosfera, la cui dinamica non è ancora ben compresa. Gli anelli cambiano la loro inclinazione da un anno all'altro, arrivando quasi a scomparire quando sono visti esattamente di profilo, in un ciclo che dura 30 anni. Urano e Nettuno, nonostante la distanza, sono interessanti per l'astrofilo che può osservarne i satelliti e l'attività atmosferica, in particolare quella di Urano, alla portata di un telescopio di 25 cm.

Abbiamo lasciato per ultimo il Sole, la nostra stella. Se osservata con opportuni filtri solari, mostra le macchie rapidamente variabili, oppure la granulazione, immense sacche di gas estremamente caldo, del diametro di qualche centinaio di chilometri, che risalgono dagli strati più interni, si raffreddano e poi sprofondano di nuovo. Protuberanze e brillamenti, osservabili alla lunghezza d'onda H-alfa (656,3 nm), sfortunatamente solo con filtri piuttosto costosi (oltre 500 euro), sono eventi spettacolari meritevoli di attenzione perché altamente suggestivi e variabili nel tempo, anche in pochi minuti.

Insomma, nel Sistema Solare lo scorrere del tempo scandisce fenomeni unici e irripetibili, da fissare in un'immagine digitale, che ha il pregio inequivocabile dell'oggettività.

1.0.3 Le riprese in alta risoluzione

Gli oggetti del Sistema Solare, ad esclusione di qualche piccolo e lontano satellite, o dei corpi posti alle estreme periferie, sono generalmente di elevata luminosità e di dimensioni angolari estremamente piccole. Venere, il pianeta a noi più vicino, sottende al massimo un diametro di 1 primo d'arco (1'), trenta volte inferiore a quello della Luna Piena; si tratta quindi, nella migliore delle ipotesi, di oggetti che ci appaiono veramente molto piccoli (se escludiamo la Luna e il Sole). Tuttavia, nei loro dischi sono spesso visibili una moltitudine di fini dettagli: dai crateri lunari con dimensioni inferiori a 1 km, ai vulcani marziani, passando per i numerosi cicloni e tempeste che imperversano nella turbolenta atmosfera di Giove. Naturalmente, se i dischi planetari sono estremamente piccoli, di ancora più ridotte dimensioni saranno i dettagli osservabili; per questo, le riprese degli oggetti del Sistema Solare dovrebbero essere tendenzialmente di alta risoluzione, a sottolineare proprio il punto chiave per una proficua osservazione: non è importante riuscire a catturare molta luce, poiché si tratta già di corpi celesti molto luminosi, ma è estremamente importante riuscire a ottenere la massima risoluzione possibile dalla propria strumentazione.

Fortunatamente non è necessaria la presenza di cieli scuri: le riprese planetarie possono essere condotte anche da grandi centri urbani, poiché l'inquinamento luminoso non influisce sulla loro osservazione e ripresa. Le esposizioni tipiche, per le riprese planetarie, non eccedono quasi mai le frazioni di secondo, e in ogni caso non vanno mai oltre la decina di secondi, quindi non è necessaria una montatura estremamente precisa (ma comunque solida e con la capacità di compensare il moto di rotazione terrestre!). Data la più che sufficiente quantità di luce presente, non sono necessarie neanche strumentazioni particolarmente sensibili, quindi costose, come le camere CCD astronomiche, le quali, anzi, manifestano limiti in questo specifico campo.

È naturalmente necessario che siano di ottima qualità le ottiche utilizzate, che devono essere in grado di lavorare fino ai limiti teorici imposti dalla teoria dell'ottica ondulatoria: in questo caso si parla di ottiche *diffraction limited*, cioè di ottiche limitate esclusivamente dalla diffrazione e non da difetti più o meno marcati nella loro progettazione e costruzione. Questa affermazione può sembrare superflua; in fondo è come dire che un computer appena comprato debba essere in grado di svolgere tutte le funzioni che gli competono, alla velocità per la quale è stato programmato; purtroppo, ciò non è scontato quando si parla di ottiche amatoriali.

La lavorazione di un'ottica astronomica è un processo molto lungo e delicato, quindi costoso. Lo specchio (o le lenti) di un telescopio deve essere lavorato con una precisione minima di 1/4 di lunghezza d'onda; questo significa che, se lo strumento è progettato per le applicazioni in luce visibile, cioè per lunghezze d'onda attorno ai 550 nm, la superficie ottica deve essere lavorata con una precisione di almeno 550/4 = 137,5 nm, cioè di un decimillesimo di millimetro, un valore estremamente piccolo! Già da questo si capisce come la costruzione di un telescopio sia piuttosto costosa: la lavorazione manuale di uno specchio di 25 cm può richiedere anche oltre 100 ore! Naturalmente, la produzione commerciale avviene in serie e automaticamente, ma ciò non toglie che il prezzo di ogni singola ottica non sia trascurabile per l'astrofilo. La maggiore qualità si paga cara: se un telescopio di qualità media, con un'ottica corretta a 1/4 di lunghezza d'onda, costa 100, un analogo telescopio con un'ottica corretta a 1/20 di lunghezza d'onda (il valore per avere un'ottica perfetta) può costare tranquillamente 1000, cioè dieci volte tanto.

Dunque, diffidate sempre dagli strumenti che vengono venduti a un prezzo nettamente inferiore rispetto alla media, ma allo stesso tempo non affidate il vostro giudizio unicamente al prezzo: un telescopio che costa esageratamente poco è sempre sinonimo di qualità scarsa, ma non è detto che un prezzo elevato garantisca sempre una qualità altrettanto elevata.

Altro punto dolente è la turbolenza atmosferica. Un telescopio con un'ottica perfetta può non dare il massimo, se è utilizzato in presenza di forte turbolenza, o, come si dice in gergo, di un cattivo *seeing*. La turbolenza atmosferica è un fenomeno molto complicato da spiegare; per questo, ci limiteremo ad accennare solo agli effetti deleteri che provoca sulle immagini telescopiche.

Quante volte osservando il cielo avete visto le stelle scintillare? E vi siete mai accorti che la scintillazione aumenta con il diminuire dell'altezza della stella sull'orizzonte, oppure è maggiore nelle notti in cui spira un vento teso, o subito dopo un temporale? La luce delle stelle in realtà non scintilla: l'effetto che osserviamo è causato dalla nostra atmosfera.

I moti rapidi delle masse d'aria disturbano la luce che ci giunge dal cielo, deformando l'immagine degli oggetti estesi, come i pianeti, cancellando i dettagli più fini. La turbolenza atmosferica è il limite principale nell'ottenimento di immagini in alta risoluzione; si può attenuare, ma non evitare completamente. La misura più efficace è quella di ridurre al minimo il tempo di esposizione, quando si scatta una fotografia a un pianeta, poiché il danno causato dalla turbolenza è maggiore quanto più lunga è l'esposizione.

Anche in questo caso, comunque, non si può eliminare del tutto il suo effetto deleterio sull'immagine. Una buona tecnica allora consiste nel raccogliere molte immagini dello stesso soggetto, in un tempo abbastanza breve, e poi selezionare solo quelle meno rovinate dalla turbolenza. Da queste infine, per migliorare la qualità e ridurre il "rumore" (la granulosità) che accompagna ogni ripresa, si può costruire l'immagine finale come la somma delle singole. Poiché la turbolenza atmosferica agisce casualmente, con la somma di molti singoli scatti si riuscirà ad attenuare di molto il suo contributo malefico, a patto di disporre di singole immagini (*frame*) poco rovinate. Questi due accorgimenti (brevi esposizioni e somma) permettono di abbattere notevolmente gli effetti negativi della turbolenza atmosferica e di raggiungere risoluzioni che spesso sono quelle teoriche dello strumento.

La tecnica è completamente differente da quella utilizzata per le riprese di nebulose, ammassi stellari o galassie. In quel caso, come vedremo, è necessario raccogliere molta luce, poiché si tratta di oggetti deboli e spesso molto estesi, per i quali non è necessaria un'altissima risoluzione, sia perché non ci interessa raccogliere dettagli fini come per i pianeti, sia perché le riprese sono a bassi ingrandimenti, altrimenti, date le loro dimensioni angolari, non entrerebbero nel campo inquadrato. Qui si avverte principalmente la necessità di una montatura solida e precisa, in grado di seguire correttamente l'oggetto per tutta la durata delle pose, che spesso superano anche la mezz'ora.

Queste spiccate differenze rendono necessaria una trattazione separata: da un lato la ripresa in alta risoluzione degli oggetti del Sistema Solare (ai quali si aggiunge anche quella delle stelle doppie più brillanti), dall'altro le riprese degli oggetti del cielo profondo (gli oggetti *deep-sky*, come vengono comunemente chiamati, con termine inglese). Questi due campi si differenziano, sia per la strumentazione, che per le tecniche da adottare: non esiste una strumentazione universale in grado di fornire risultati eccellenti in ambo i campi e occorre trovare un compromesso.

Torniamo alle riprese del Sistema Solare in alta risoluzione. Abbiamo detto che non servono camere di ripresa sensibili, poiché sono quasi sempre oggetti luminosi, piuttosto un'apparecchiatura in grado i riprendere molte brevi immagini in pochi secondi o minuti, cosa che, né le comuni macchine fotografiche, né le camere CCD astronomiche sono in grado di fare.

Questi requisiti vengono soddisfatti dalle *webcam* o da alcune telecamere digitali. Esse, infatti, consentono di riprendere filmati alla velocità di 15 o più immagini ogni secondo: i *frame* andranno poi selezionati e sommati, per ottenere l'immagine finale in alta risoluzione. La qualità di questi sensori digitali, sebbene non eccelsa, è bilanciata abbondantemente dal grande numero di immagini che permettono di raccogliere in pochi minuti di ripresa; per questo motivo, i risultati ottenuti surclassano di gran lunga quelli di camere digitali progettate appositamente per studi astronomici.

Da ultimo, ma non per importanza, c'è da considerare il prezzo: una *webcam* ha un costo inferiore al centinaio di euro, contro gli oltre 2000 di un'economica camera CCD, o i circa 1000 di una reflex digitale. Il basso prezzo è decisamente un ottimo incentivo all'utilizzo di questi sensori, che nei primi anni del XXI secolo hanno rivoluzionato il mondo dell'astronomia amatoriale e pesantemente influenzato quello dell'astronomia professionale. Alcune tecniche utilizzate dagli astrofili sono state fatte proprie dalla comunità astronomica per la ripresa in alta risoluzione con i grandi telescopi professionali.

Quali sono le *webcam* e le camere planetarie adatte per le riprese in alta risoluzione? Se siete alle prime armi, il consiglio è di iniziare con una *webcam*. Non tutte sono adatte. I modelli migliori sono quelli che possiedono un sensore tipo CCD, regolazioni manuali di esposizione e guadagno e la possibilità di svitare l'obbiettivo, che è inutile, e anzi dannoso, per le riprese al telescopio. I migliori modelli, purtroppo ormai non più in produzione, erano i Philips Vesta, anche nelle varianti Pro e Scan, e la serie Toucam Pro, la I, la II e la III detta anche SPC900. Se nel mercato dell'usato o in qualche rimanenza di magazzino trovate una di queste *webcam*, acquistatela al volo perché vi offrirà risultati esaltanti a un prezzo veramente modesto.

Dopo aver fatto la giusta esperienza, o se volete subito partire con camere migliori, il salto in termini di resa si effettua con camere planetarie appositamente progettate per le riprese in alta risoluzione. Attualmente il mercato vede tre aziende che propongono prodotti estremamente validi: la The Imaging Source produce le camere più economiche, dette DMK (se monocromatiche) o DBK e DFK (a colori). La canadese Lumenera offre ottime camere planetarie, ma a prezzi a partire dai 1000 euro in su. Queste camere sono superiori quanto a sensibilità e qualità alle DMK, che montano gli stessi sensori delle *webcam* commerciali. Recentemente un'altra azienda canadese, la Point Grey, ha lanciato sul mercato una nuova serie di camere planetarie equipaggiate con sensori di nuova generazione, sulla carta superiori alle Lumenera, a un prezzo simile a quello delle camere della Imaging Source. Queste camere sembrano possedere tutte le caratteristiche necessarie per sfruttare al massimo il proprio telescopio.

L'introduzione delle ormai obsolete *webcam*, nei primi anni del ventunesimo secolo, con la relativa tecnica di acquisizione ed elaborazione delle immagini, ha permesso di fare un salto di qualità straordinario alle osservazioni amatoriali in alta risoluzione.

Dopo queste pagine introduttive, andremo ora a considerare i singoli corpi celesti e le informazioni che si possono catturare. Quasi tutte le immagini di questo capitolo sono state riprese con un telescopio Schmidt-Cassegrain di 23 cm di diametro, su una montatura equatoriale motorizzata, e *webcam* Philips della serie Vesta Pro e Toucam Pro (I, II o III). Alcune immagini sono state ottenute con camere amatoriali CCD dedicate, o con telescopi più piccoli. Le immagini acquisite sono state elaborate con programmi specifici per astronomia, applicando filtri di contrasto. L'elaborazione delle immagini astronomiche è una pratica molto diffusa, che, se ben fatta, non altera l'informazione contenuta nelle riprese; piuttosto, la rende fruibile all'occhio umano.

Due importanti avvertimenti, prima di proseguire: le immagini proposte sono il frutto di anni di duro lavoro, di tentativi andati a monte, di risultati spesso deludenti, di nottate passate aspettando che la turbolenza si calmasse, almeno per qualche minuto. Non si tratta quindi di fotografie che si possono ottenere con facilità. Piuttosto, rappresentano ciò che di meglio si può ottenere con strumenti dal diametro di 20-25 cm: un punto di arrivo, per il quale occorre tentare e faticare parecchio.

Spesso, useremo indistintamente i termini osservazione e ripresa. In effetti, frequentemente ciò che le fotografie dei pianeti mostrano è ciò che si può osservare all'oculare del telescopio.

La ripresa degli oggetti del Sistema Solare offre risultati abbastanza simili a quelli visuali, fatta eccezione per le riprese in ultravioletto o in infrarosso. Le immagini che vedrete quindi, tenendo conto di queste rare eccezioni, sono assolutamente alla portata di chi si applica alle osservazioni visuali. Una persona che osserva per la prima volta un pianeta all'oculare di un telescopio non ha questa impressione, perché non riesce a scorgere molti dettagli e percepisce l'oggetto come se fosse estremamente piccolo. Si tratta di un'illusione ottica, prodotta dal nostro cervello.

D'altra parte, è vero che i dettagli spesso appaiono deboli ed indistinti, ma posso assicurare che con la giusta dose di allenamento (l'osservazione visuale dei pianeti è un'arte!) riuscirete a scorgere gli stessi dettagli che un'immagine *webcam* può darvi; anzi, quando le condizioni atmosferiche non sono molto favorevoli, non è raro che l'immagine all'oculare appaia meno disturbata di quella sul monitor del vostro computer.

1.1 Il Sole

La nostra stella è in assoluto l'oggetto più luminoso del cielo, splendente di magnitudine –26,85, ben 500mila volte più della Luna Piena.

Il Sole è una gigantesca sfera di gas incandescente, del diametro di circa 1,4 milioni di chilometri; la massa è di 2×10^{30} kg, 330mila volte quella della Terra. Il Sole è composto da idrogeno (circa il 75% della massa), elio (24%) e da elementi di massa atomica più elevata, che in gergo vengono chiamati genericamente "metalli" (tra i quali, i più abbondanti sono ossigeno, carbonio, neon e azoto). Stella di taglia media (nell'Universo ne esistono anche di 100 volte più massicce), emette radiazione elettromagnetica, quasi tutta nello spettro visibile, percepita dai nostri occhi come luce. La temperatura superficiale è di 5770 K, mentre nelle zone centrali si arriva a 15 milioni di gradi.

Il termine "superficie" è improprio e comunque non può avere lo stesso significato che ha nel caso dei pianeti rocciosi o di quelli gassosi (una spiegazione per questi ultimi verrà data in seguito). Sulle stelle la "superficie", che è detta *fotosfera*, è identificata con il primo strato gassoso opaco che si incontra, responsabile dell'emissione di gran parte della luce che osserviamo.

L'energia prodotta proviene dal processo di fusione nucleare che si sviluppa nella zona del nocciolo stellare: 4 nuclei di idrogeno (protoni), collidendo violentemente a causa delle altissime temperature e pressioni, formano, dopo un ciclo di reazioni (chiamato *catena protone-protone*), una particella di elio e molta energia sotto forma di raggi gamma (e neutrini). L'energia liberata è spaventosamente elevata; basti pensare che la fusione di un grammo di idrogeno produce 640 miliardi di joule, corrispondenti all'energia consumata in un anno da 200 lampadine, sempre accese, da 100 watt l'una. Nel Sole, ogni secondo, viene prodotta un'energia pari a $3,8 \times 10^{26}$ J.

L'energia liberata deriva dalla trasformazione di parte (lo 0,7%) della massa atomica che entra nelle reazioni di fusione secondo la relazione di Einstein $E = mc^2$. Il

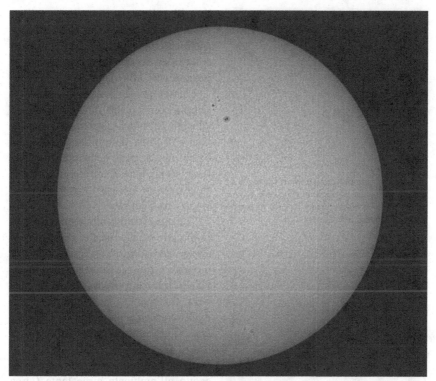

1.1.1. Tipica immagine del disco solare nella banda visuale. Sono visibili tutti i fenomeni descritti nel testo: macchie solari (al centro), granulazione e *facolae*, queste ultime nei pressi del bordo sud della nostra stella. L'osservazione e la ripresa del Sole richiedono appositi filtri. Rifrattore acromatico di 15 cm e reflex digitale Canon 450D. Somma di 65 scatti; 18 giugno 2011.

nucleo di elio, che si forma dalla catena protone-protone, ha infatti una massa inferiore rispetto alla somma di quelle delle singole particelle di partenza. La massa mancante si è trasformata in energia. A causa di questo processo, il Sole perde ogni anno una massa di $1,34 \times 10^{17}$ kg. Non c'è comunque da preoccuparsi per un eventuale "dimagrimento" della nostra stella: la perdita annua di massa è praticamente trascurabile rispetto alla massa totale della nostra stella.

L'enorme energia liberata è inizialmente sotto forma di raggi gamma. Questi però non raggiungono subito la fotosfera; invece, vanno soggetti a una serie di interazioni con il denso plasma degli strati profondi che li degradano a fotoni di più bassa frequenza. Ciò che vediamo uscire dalla fotosfera sono fotoni nella banda del visibile, che ci consegnano informazioni sulla temperatura della fotosfera.

La fotosfera è uno strato spesso 400 km. Al di sopra di essa inizia l'atmosfera vera e propria, che si estende, con densità bassissime, per milioni di chilometri nello spazio; essa è modellata dall'intenso campo magnetico solare, che ne determina la forma, visibile da Terra solamente durante le eclissi solari totali (è la *corona solare*).

L'osservazione del Sole può essere molto interessante, ma attenzione: **non si guardi mai il Sole direttamente, né a occhio nudo, né, a maggior ragione, con**

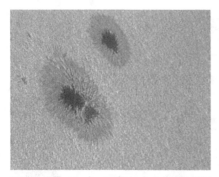

1.1.2. Due grandi macchie solari riprese il 24 agosto 2004. La risoluzione di questa immagine è quasi al valore limite imposto di giorno dalla turbolenza atmosferica.

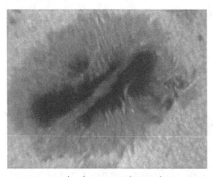

1.1.3. Dettaglio di una grande macchia (NOAA 798): sono ben visibili l'ombra e la penombra. Sullo sfondo la granulazione solare: le singole celle hanno dimensioni tipiche di 2 secondi d'arco. *Webcam* Vesta Pro Scan; 14 settembre 2005.

l'ausilio di uno strumento ottico: basta una frazione di secondo d'esposizione della retina all'irraggiamento solare per arrecare un danno serio e permanente alla vista.

L'osservazione solare va condotta sempre con appositi filtri da anteporre all'obbiettivo del telescopio. Generalmente si tratta di sottili pellicole che bloccano gran parte della radiazione solare, lasciandone filtrare solo una minima frazione che può essere osservata in assoluta sicurezza.

Con questi filtri si effettuano osservazioni nella banda visuale, come si suol dire *in luce bianca*, e a queste lunghezze d'onda è visibile la fotosfera. Con le dovute precauzioni si possono seguire diversi fenomeni, i più importanti dei quali sono senza dubbio le *macchie solari*, regioni estese, spesso molto più del nostro pianeta, che appaiono scure a causa della loro minore temperatura rispetto all'ambiente circostante (circa 1000 °C in meno).

Le macchie solari variano in numero, forma e dimensioni e dipendono criticamente dall'attività solare, che ha un periodo di 11 anni. In questo lasso di tempo, la nostra stella alterna una fase più burrascosa, nella quale sono presenti molte macchie e fenomeni esplosivi, a una più quieta, contraddistinta da un'attività ridotta.

Le macchie solari ruotano con la fotosfera secondo il periodo di rotazione del Sole, che all'equatore è di 26 giorni, cambiando spesso forma e dimensioni. Una tipica macchia è contraddistinta da una zona centrale chiamata *ombra*, molto scura e priva di dettagli, e da una zona periferica denominata *penombra*, in cui invece si possono individuare molti dettagli (per sapere di più sul Sole e sull'attività solare, vedi il paragrafo 4.2.2).

Osservare il Sole con un filtro solare a tutta apertura può essere divertente, oltre che del tutto sicuro; tuttavia occorre prestare molta attenzione nella fase di puntamento: **non utilizzate il cercatore, a meno che non sia anch'esso munito di un filtro solare**; in caso contrario, tappatelo bene in modo da evitare un contatto accidentale dell'occhio con la luce solare che filtra attraverso di esso.

Esiste un metodo molto semplice per puntare la nostra stella: è il cosiddetto "metodo dell'ombra". In pratica, si osserva l'ombra proiettata dal tubo del telescopio al suolo mentre lo si orienta in direzione del Sole. Quando l'ombra raggiunge la minima estensione, il telescopio starà puntando il disco solare. Inserendo un oculare a basso ingrandimento potrete stare certi che il Sole è ben presente nel campo inquadrato, senza dover utilizzare alcun cercatore!

Accanto ai grandi gruppi di macchie, di solito si possono individuare, specialmente in prossimità dei bordi del disco solare, certe zone più chiare dell'ambiente circostante, chiamate *facolae*. Se le macchie sono zone che a causa dei campi magnetici locali si raffreddano ed emettono quindi meno luce, le *facolae* sono l'esatto contrario: si tratta di regioni di dimensioni contenute, più calde dell'ambiente circostante, quindi più luminose.

Riprendendo a una risoluzione maggiore, ci si accorge che l'intera fotosfera non è una superficie uniforme, ma ha l'aspetto di una buccia d'arancia: è la *granulazione*. Di cosa si tratta? Questi granuli, che hanno dimensioni tipiche di

1.1.4. La granulazione fotosferica: immense sacche di gas risalgono dalle profondità della nostra stella e sboccano in fotosfera (8 giugno 2004).

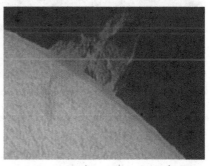

1.1.5. Una grande protuberanza solare visibile il 23 aprile 2004 attraverso un telescopio solare di 40 mm di diametro munito di filtro H-alfa con banda passante di circa 0,5 Å.

qualche centinaio di chilometri, sono immense sacche di gas. Giganteschi moti convettivi, simili a quelli che si verificano in una pentola che bolle, portano in superficie il gas caldo che si trova in profondità (il gas caldo tende a salire perché più leggero dell'ambiente circostante); una volta raggiunta la fotosfera, si raffredda, aumenta di densità e sprofonda di nuovo. Nel Sole, questi moti avvengono in continuazione e si possono realizzare interessanti animazioni riprendendo la fotosfera a intervalli di 1-2m, per un paio d'ore.

Selezionando determinate lunghezze d'onda, si possono mettere in evidenza altri spettacolari aspetti del Sole. Con riprese e osservazioni condotte nella riga H-alfa (riga dell'atomo di idrogeno alla lunghezza d'onda di 656,3 nm) si possono scorgere nei pressi del bordo solare splendidi filamenti di gas, le *protuberanze*. A queste lunghezze d'onda il disco solare appare granuloso e ricco di trame e le macchie solari presentano dettagli impossibili da osservare in luce bianca. Anche uno strumento di soli 4 cm permette di apprezzarli. Sfortunatamente, il costo dei filtri H-alfa è notevolmente elevato, pari a quello di un telescopio completo.

Alle lunghezze d'onda del calcio (393 e 396 nm) appaiono molto ben contrastate

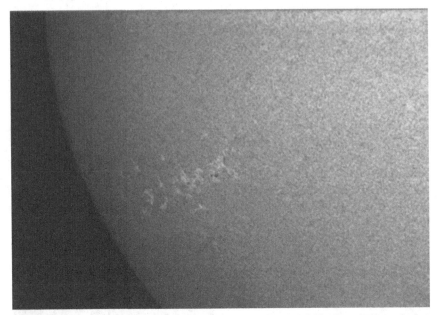

1.1.6. Il Sole alle lunghezze d'onda del calcio mostra la granulazione e le *facolae*. Telescopio rifrattore acromatico di 8 cm, camera CCD SBIG ST-7XME, filtro solare a tutta apertura e filtro per le lunghezze d'onda del calcio autocostruito, unendo un filtro Baader UHC a un violetto N.47; 26 maggio 2006.

le macchie, le regioni attive e le *facolae*. Anche in questo caso, purtroppo, servono telescopi specializzati, quindi costosi, ma una valida alternativa può essere rappresentata da un filtro ultravioletto o dalla combinazione opportuna dei classici filtri per l'osservazione delle nebulose. Naturalmente, prima di tutto è d'obbligo un filtro solare a tutta apertura che attenui la radiazione solare. Un ottimo compromesso può essere rappresentato dall'unione di un filtro Baader UHC e di un violetto classico N.47: il risultato è un filtro centrato sulla lunghezza d'onda del calcio con una banda passante di soli 4 nanometri, che restituisce immagini come la 1.1.6.

Si tengano sempre presenti due imperativi fondamentali per una proficua osservazione solare: prudenza e attenuazione della turbolenza locale. Se si ha l'accortezza di non osservare da balconi o da strade roventi, l'osservazione solare darà veramente molte soddisfazioni.

1.2 Mercurio

Mercurio è un pianeta difficile da individuare, poiché si mostra sempre prospetticamente vicino al Sole; gli unici momenti in cui lo si può scorgere sono quelli in cui periodicamente raggiunge la massima distanza dalla nostra stella, quando cioè si trova alla massima *elongazione* (est o ovest, a seconda che si trovi a est o a ovest rispetto al Sole). In queste condizioni, la sua luminosità è elevata, comparabile con quella di altri pianeti, come Marte e Giove. La posizione in cielo varia rapidamente,

1.2.1. Mercurio (in basso, meno luminoso) e Venere (in alto), si rendono visibili subito dopo il tramonto o prima dell'alba, bassi sull'orizzonte. Fotocamera digitale compatta Fuji; 4 febbraio 2007.

e generalmente è difficile riuscire a osservarlo per più di qualche giorno.

Le massime elongazioni sono minori di quelle degli altri pianeti perché Mercurio è il pianeta più vicino al Sole. Coloro che osservano assiduamente il moto del piccolo pianeta si saranno senza dubbio accorti che le elongazioni massime non sono sempre le stesse, variando tra 14° e 20°. Ciò è conseguenza della notevole eccentricità dell'orbita, che è la più elevata tra quelle dei pianeti, pari a 0,20.

L'osservazione telescopica è molto difficile, in quanto il pianeta è visibile a oc-

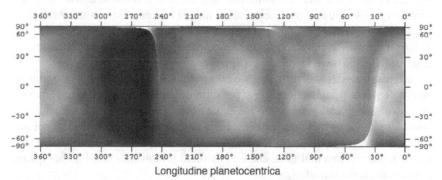

Longitudine planetocentrica

1.2.2. Planisfero (parziale) di Mercurio costruito con riprese eseguite dall'autore durante il giorno con un filtro infrarosso e una *webcam* Toucam Pro II. Sono evidenti zone a diversa luminosità, corrispondenti a grandi crateri da impatto. In questo e negli altri planisferi il sud del pianeta è in alto, secondo le convenzioni astronomiche internazionali.

chio nudo sempre solo pochi gradi sopra l'orizzonte, e perciò l'immagine è sempre affetta da una notevole turbolenza atmosferica. Il pianeta è comunque piuttosto facile da fotografare, anche con una modesta fotocamera digitale compatta, impostando uno scatto di un secondo (occorre un treppiede). I momenti migliori per osservare al telescopio sono invece durante il giorno, con il Sole ben alto sull'orizzonte.

Sbaglia infatti chi pensa che di giorno sia impossibile condurre osservazioni: invece, oltre al Sole, si possono osservare molti corpi celesti; alcuni, come la Luna e Venere, sono visibili anche a occhio nudo, a patto di sapere dove guardare. Mercurio, benché non visibile con la stessa facilità, è comunque un facile obiettivo per ogni piccolo telescopio (per una trattazione approfondita sulle riprese diurne, si veda il paragrafo 3.4). La difficoltà maggiore sta nel rintracciare il pianeta e nello sfruttare tutto il potenziale dello strumento. Con un telescopio di 15-20 cm, osservando di giorno, con la giusta tecnica e con il pianeta molto alto sull'orizzonte, si possono capire molte cose di questo piccolo mondo. La prima, forse scontata, è che esso ci mostra le fasi, come la nostra Luna, e questo conferma che si tratta di un pianeta più interno rispetto all'orbita della Terra. Basta poi una *webcam* collegata al telescopio, magari munita di un filtro infrarosso, per svelare un pianeta di colore marrone-grigio, pieno di macchie chiare e scure, più evidenti lungo il *terminatore*, la linea di demarcazione tra il dì e la notte. I piccoli dettagli scuri sono formazioni molto simili a quelle che possiamo osservare sul nostro satellite: crateri, montagne, valli.

Non v'è un significativo involucro atmosferico attorno a Mercurio e la temperatura al suolo può giungere a 450 °C. Le forze di marea ad opera del Sole hanno prodotto un notevole rallentamento del periodo di rotazione, che si è stabilizzato a 58 giorni e 15 ore, valore che corrisponde esattamente ai 2/3 di quello di rivoluzione (87,88 giorni); questo rapporto semplice non è casuale: si tratta di una classica *risonanza spin-orbita*. La quasi totale assenza di gas atmosferici si spiega con la piccola massa e con le notevoli temperature, che scendono a −150 °C nell'emisfero notturno.

Ottenere immagini dettagliate è molto difficile e gli astrofili hanno un certo vantaggio sugli osservatori professionali, che, per non esporre a rischi gli strumenti, non possono osservare di giorno, con il Sole a pochi gradi di distanza, o con il pianeta basso sull'orizzonte. La risoluzione raggiungibile con uno strumento di 25 cm è intorno ai 300-350 km, non elevatissima ma già interessante, e consente di identificare i dettagli macroscopici più evidenti il cui contrasto è enfatizzato dall'uso di filtri infrarossi. L'elevata luminosità superficiale ammette ingrandimenti sostenuti, mantenendo bassi i tempi di esposizione.

La lenta rotazione attorno al proprio asse è il punto di forza che si deve sfruttare, perché consente di effettuare riprese per oltre un'ora senza notare alcun "mosso" sui dettagli superficiali: sarà perciò più facile trovare un accettabile numero di *frame* buoni (almeno 200) tra le decine di migliaia complessivamente ripresi. A chi preferisce la ripresa crepuscolare, si consiglia di operare quando Mercurio è ben visibile la mattina prima dell'alba, che è in assoluto il momento migliore per quanto riguarda la calma atmosferica.

Non tutti i momenti sono favorevoli per una proficua osservazione. Quando il pianeta mostra una fase quasi piena è sempre troppo vicino al Sole e il diametro apparente è davvero esiguo; al contrario, quando si avvicina alla Terra mostra una

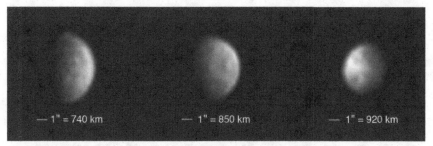

— 1" = 740 km   — 1" = 850 km   — 1" = 920 km

1.2.3. Tre immagini di Mercurio, ripreso di giorno con un filtro infrarosso e una *webcam* accoppiata a un telescopio di 23 cm. Si noti la risoluzione raggiunta: quella massima consentita dallo strumento.

fase troppo sottile. Il momento migliore dura circa una settimana a cavallo delle massime elongazioni, benché non tutte siano favorevoli. Bisogna tenere conto infatti dell'inclinazione dell'eclittica sull'orizzonte terrestre e della posizione del pianeta. Le elongazioni migliori sotto il profilo osservativo si hanno in autunno e in primavera, mentre il periodo meno consigliato per le riprese è l'inverso, quando il pianeta non si alza mai più di una trentina di gradi sull'orizzonte, anche durante il passaggio in meridiano. In generale, per gli osservatori dell'emisfero boreale la primavera è il momento migliore per poterlo osservare di sera e l'autunno per le osservazioni all'alba.

Data la difficoltà di riprendere il pianeta, non si dispone attualmente di osservazioni continuative nel tempo, requisito fondamentale quando si vogliono capire le complesse dinamiche dei corpi del Sistema Solare. Come vedremo soprattutto nel caso di Venere, la comunità professionale è alla continua ricerca di osservatori in grado di fornire dati per un periodo prolungato di tempo. La tecnica digitale è ormai in grado di restituire immagini estremamente utili dal punto di vista scientifico. Perciò, l'astrofilo non sottovaluti mai la portata scientifica delle proprie osservazioni: potrebbe infatti scoprire qualche fenomeno peculiare e contribuire in modo decisivo alla conoscenza scientifica.

1.3 Venere

Venere è l'astro più brillante dopo il Sole e la Luna, impossibile da non notare quando brilla alto nel cielo. Poco dopo il tramonto del Sole o prima dell'alba, è l'astro che per primo si accende in cielo, raggiungendo anche la magnitudine apparente –5, così elevata che gli oggetti illuminati proiettano una debole ombra quando si è in un luogo particolarmente buio.

L'osservazione visuale continuata nel tempo, proprio come hanno fatto per millenni gli antichi, ci permette di scoprire che anche questo pianeta non si allontana dal Sole per più di qualche decina di gradi. Le massime elongazioni, comunque, sono maggiori di quelle di Mercurio e abbastanza regolari quanto a distanza raggiunta (45°-48°).

Al telescopio il pianeta mostra evidenti le fasi. Visto che la volta celeste ruota

L'Universo in 25 cm

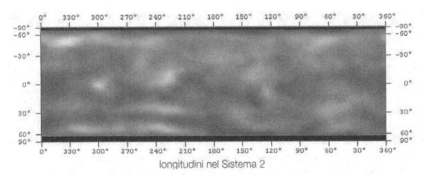

longitudini nel Sistema 2

1.3.1. Planisfero dell'atmosfera di Venere nel vicino ultravioletto, reso in falsi colori, risalente alla rotazione del 7-10 aprile 2007. Telescopio di 23 cm e camera CCD ST-7XME. Il pianeta si presenta sempre diverso da una rotazione a un'altra e, dopo Giove, è sicuramente quello con l'atmosfera più attiva del Sistema Solare.

circa 15° ogni ora, alle massime elongazioni Venere può essere visibile fino a tre ore prima del sorgere del Sole o tre ore dopo il tramonto.

Data l'enorme luminosità apparente, Venere è l'unico pianeta a essere visibile a occhio nudo anche di giorno, se il cielo è trasparente e si sa dove guardare. In questi casi, la difficoltà nell'individuare un oggetto immerso nel chiarore del cielo diurno è da imputare al sistema occhio-cervello, non alla debolezza del pianeta. Una volta trovato, risulta molto evidente e ben staccato dal fondo cielo. La sua immagine è alla portata di qualsiasi fotocamera digitale e spettacolari sono gli avvicinamenti con gli altri pianeti, che si verificano generalmente una volta all'anno, oppure con la Luna, molto più frequenti (1 volta al mese). Raramente può succedere che il nostro satellite passi davanti al pianeta, generando quella che si chiama *occultazione* (vedi 1.14.2).

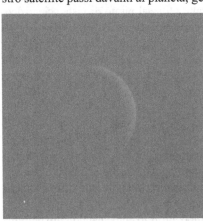

1.3.2. Venere è visibile di giorno a occhio nudo, se si sa esattamente dove guardare. Ripresa eseguita con una normale fotocamera digitale, il 18 giugno 2007 alle 15h. La vicinanza prospettica alla Luna ne mette in luce la notevole luminosità.

Cosa rende Venere il pianeta più brillante, sette volte più di Giove? La vicinanza al nostro pianeta. Con una distanza minima di 40 milioni di chilometri dalla Terra, Venere è il pianeta più vicino al nostro. Massa e dimensioni fanno pensare a un pianeta gemello della Terra. Tuttavia, Venere ha subito un'evoluzione molto diversa, che lo ha portato a essere il corpo celeste più inospitale e torrido del Sistema Solare.

Un'osservazione telescopica più attenta mostra un pianeta pressoché privo di dettagli, con una colorazione tendente al giallo. Il suo disco, che può raggiungere dimensioni angolari anche di 1 primo d'arco, si presenta quasi sempre uniforme alle lunghezze d'onda visibili.

A cosa è dovuta la mancanza di dettagli sul disco? Essendo così vicino, dovrebbe mostrare numerose strutture, come quelle di Mercurio o della Luna, in ogni caso con forti contrasti. In realtà, la mancanza di strutture superficiali è da imputare alla spessa coltre atmosferica che lo avvolge, completamente opaca e priva (o quasi) di dettagli alle lunghezze d'onda visibili. Al telescopio non vediamo la superficie, ma solo lo strato esterno dei gas atmosferici.

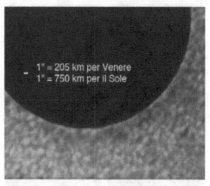

1" = 205 km per Venere
1" = 750 km per il Sole

1.3.3. L'atmosfera di Venere si è manifestata, pur se non vistosamente, l'8 giugno 2004, in occasione del transito del pianeta sul disco solare. *Webcam* Vesta Pro.

L'atmosfera di Venere tocca, al livello del suolo, una pressione di oltre 90 atmosfere. Il suo costituente principale è l'anidride carbonica (96,5%); il resto è rappresentato da azoto e tracce di altri gas come idrogeno, acido solforico, elio, ossigeno e vapor d'acqua. L'anidride carbonica è responsabile dell'elevatissimo effetto serra, che porta la temperatura del pianeta a circa 480 °C al suolo. L'intensa circolazione atmosferica distribuisce il calore in modo pressoché uniforme su tutta la superficie, con il risultato che Venere è il pianeta più caldo del Sistema Solare. Imponenti nubi perenni, con uno spessore di almeno una trentina di chilometri, avvolgono l'intero pianeta. Probabili sono le precipitazioni di acido solforico. La notevole estensione dell'intero guscio gassoso è percepibile in particolari situazioni, come i transiti, quando Venere, osservato dalla Terra, attraversa il disco solare. L'inviluppo atmosferico si rende visibile come una sottile zona leggermente opaca attorno alla sagoma nera del pianeta che si staglia sulla fotosfera solare.

La complessità degli strati atmosferici è svelata operando al di fuori dello spettro visibile, in particolare nel vicino ultravioletto e nel vicino infrarosso. Un tempo, le nubi di Venere erano alla portata solo di osservatori professionali e grazie a tecniche particolari; oggi è sufficiente un filtro viola, o meglio UV, e magari anche un filtro IR, per scoprire la bellezza e la complessità di questo mondo.

Nel vicino ultravioletto, a lunghezze d'onda comprese tra 300 e 400 nm, diventano visibili le nubi poste a circa 80 km di quota, composte principalmente da piccole goccioline di acido solforico. A queste altezze i venti spirano a velocità vicine ai 400 km/h, riducendosi con la quota fino ai 5 km/h registrati dalle sonde al livello del suolo. L'osservazione nell'ultravioletto è resa particolarmente difficile sia dalle condizioni atmosferiche (terrestri!) generalmente pessime, sia dalla poca luce che giunge sul sensore. La nostra atmosfera, così come la maggior parte dei vetri che compongono le ottiche e gli accessori dei telescopi, è leggermente opaca a queste lunghezze d'onda, rendendo la ripresa particolarmente difficile e quasi sempre rovinata dalla turbolenza. Nonostante ciò, è facile registrare e seguire le formazioni macroscopiche, con dimensioni generalmente superiori a qualche secondo d'arco.

In ultravioletto le nubi sono rapidamente variabili nel tempo. Il loro periodo di rotazione attorno al pianeta cambia a seconda della latitudine e dell'altezza alle

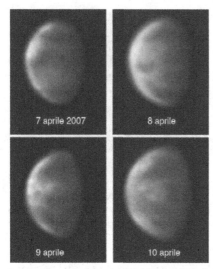

7 aprile 2007

8 aprile

9 aprile

10 aprile

1.3.4. Riprese in luce violetta dell'atmosfera di Venere in quattro giorni consecutivi. Camera CCD ST-7XME.

quali si trovano, ed è generalmente compreso tra 4 e 5 giorni; da notare che il periodo di rotazione del pianeta è di ben 243 giorni; la causa di questa strana "super-rotazione" delle nubi di Venere non è ancora stata capita. Non di rado alcune strutture a piccola scala possono avere periodi di rotazione sensibilmente diversi rispetto all'andamento medio. Generalmente le piccole nubi bianche ruotano più velocemente, con periodi anche inferiori ai 2 giorni.

È molto utile e istruttivo fare riprese a distanza di qualche decina di minuti per studiare le velocità delle nubi, e in giorni consecutivi per costruire una mappa completa delle formazioni nuvolose e poter studiare così la loro variabilità nel corso del tempo. Uno strumento di 25 cm permette di seguire l'evoluzione e il cammino delle nubi con una risoluzione di tutto rispetto, tanto che si possono ottenere ottimi dati scientifici.

Spesso, a causa di complesse dinamiche, le nubi equatoriali assumono la classica forma a "Y", ripresa per la prima volta dalle sonde americane negli anni Settanta del secolo scorso e resa famosa dalle eccellenti immagini del Telescopio Spaziale Hubble (HST) negli anni Novanta, quando era l'unico strumento in grado di catturare con una buona risoluzione le nubi venusiane. Ora, la risoluzione delle immagini dell'HST dei primi anni Novanta non è poi così diversa da quella raggiungibile con uno strumento di 25 cm di diametro: un bel salto in avanti!

Strutture a forma di "Y" e di "Ψ" sembrano ripetersi a intervalli periodici nell'atmosfera del pianeta e sono visibili solo alle radiazioni ultraviolette (o violette). In realtà, poco si conosce dell'eventuale periodicità delle strutture atmosferiche venusiane perché mancano dati continuativi nel tempo e di alta qualità: che ne dite di essere voi i primi a proporre uno studio prolungato nel tempo e in alta risoluzione per dare una risposta alla complessa dinamica dell'atmosfera di Venere?

Con l'avvento della tecnologia digitale è stato possibile scoprire che le nubi sono visibili anche alle lunghezze d'onda infrarosse, una banda oltretutto più semplice da investigare rispetto all'ultravioletto vicino. Nel vicino infrarosso l'atmosfera di Venere si presenta molto diversa che nell'ultravioletto. Oltre i 700 nm, si rendono visibili nubi ad altezze minori rispetto a quelle rivelabili in UV. La loro dinamica è estremamente interessante e altrettanto complicata. Le nubi visibili in infrarosso sono spesso estese in longitudine e molto poco in latitudine, di aspetto quindi piuttosto filamentoso e con un'estensione angolare minore delle macrostrutture rilevabili in ultravioletto.

Il movimento di questa complessa trama nuvolosa può essere mostrato riprendendo immagini distanziate di almeno un'ora. Se le condizioni di ripresa restano

invariate, è possibile notare lo spostamento delle nubi e i primi cambiamenti
a piccola scala che si sviluppano proprio su tempi caratteristici di qualche
ora. L'intera struttura sembra cambiare
radicalmente nel giro di un giorno,
tanto che non è più possibile individuare le zone inquadrate nei giorni precedenti. Lo studio dell'atmosfera del
pianeta in infrarosso è molto importante
per la comunità astronomica, visto che
osservazioni di questo tipo sono state
effettuate finora solo dalle sonde in
volo intorno al pianeta.

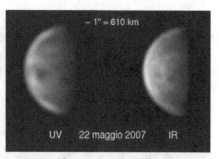

1.3.5. Confronto tra riprese in ultravioletto
(365 nm) e in infrarosso (1000 nm = 1 μm). I
dettagli visibili sono molto diversi. Il periodo di
rotazione è minore in UV che in IR. Camera
CCD ST-7XME.

Le moderne camere planetarie con
sensori molto sensibili e con una dinamica maggiore degli standard 8 bit delle
webcam, permettono in verità di mostrare dettagli atmosferici del pianeta a
qualsiasi lunghezza d'onda visibile, dal
blu al rosso scuro, demolendo definiti-
vamente l'idea di Venere come un pianeta privo di dettagli. La struttura delle
nubi nel visibile è molto simile a quella
che si può mettere in mostra nell'infrarosso vicino. La somiglianza persiste
anche riprendendo alle lunghezze
d'onda blu-verdi, più prossime all'ultravioletto vicino. La transizione tra i det-

1.3.6. Una delle migliori immagini di Venere
nel vicino infrarosso ottenibili con strumenti di
25 cm. Ripresa effettuata in pieno giorno. Camera Lumenera LU075M.

tagli visibili in UV e quelli che si osservano nel visibile e in infrarosso sembra
essere posta al confine tra le lunghezze d'onda violette e blu, poco oltre i 400 nm.
Questo significa che i dettagli visibili in ultravioletto sono da associare a particolari
proprietà chimiche dei costituenti dell'atmosfera del pianeta, che si manifestano
solamente in una ristretta zona dello spettro elettromagnetico a cavallo delle lunghezze d'onda ultraviolette. I dettagli visibili alle altre lunghezze d'onda sono probabilmente da associare a reali differenze di densità e di forma delle nubi, piuttosto
che a particolari processi chimici.

Lo studio atmosferico può essere molto utile anche dal punto di vista scientifico,
come in questi anni ha sostenuto l'ESA, l'Agenzia Spaziale Europea, invitando
tutti gli astrofili a seguire giornalmente l'evoluzione atmosferica del pianeta.

La risoluzione e la copertura temporale e spettrale che sono in grado di ottenere gli
astrofili non hanno paragoni con il lavoro degli osservatori professionali, impossibi-
litati a puntare il pianeta di giorno e a fare riprese continuative per più di qualche
giorno. Una copertura completa, dall'ultravioletto all'infrarosso e duratura nel tempo,
può costituire un'ottima base per comprendere meglio la dinamica di questo ancora

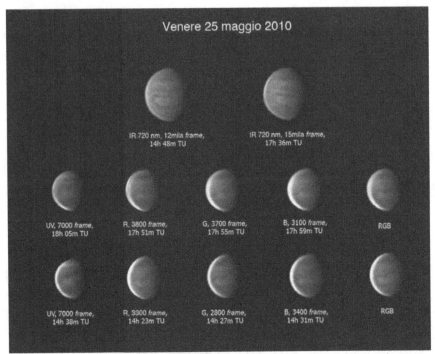

Venere 25 maggio 2010

IR.720 nm, 12mila *frame*,
14h 48m TU

IR 720 nm, 15mila *frame*,
17h 36m TU

UV, 7000 *frame*,
18h 05m TU

R, 3800 *frame*,
17h 51m TU

G, 3700 *frame*,
17h 55m TU

B, 3100 *frame*,
17h 59m TU

RGB

UV, 7000 *frame*,
14h 38m TU

R, 3300 *frame*,
14h 23m TU

G, 2800 *frame*,
14h 27m TU

B, 3400 *frame*,
14h 31m TU

RGB

1.3.7. Studio spettrale completo di Venere, ottenuto il 25 maggio 2010. Telescopio di 23 cm e camera planetaria a 12 bit Lumenera LU075M. Il pianeta mostra dettagli atmosferici a ogni lunghezza d'onda. I dettagli sono reali, perché trascinati dalla rotazione del pianeta. Uno studio di questo tipo è molto utile anche alla comunità professionale e smentisce la convinzione secondo cui il pianeta non mostra dettagli in visibile. In realtà, erano l'elevata luminosità del pianeta e la modesta dinamica delle vecchie pellicole, prima, e delle *webcam* poi, che impedivano l'osservazione di dettagli alle lunghezze d'onda visibili.

misterioso pianeta. Sembra infatti strano, ma attualmente non esistono studi a lungo termine dell'atmosfera venusiana. Le osservazioni in alta risoluzione consentono di seguire in modo abbastanza preciso l'andamento dei venti nell'atmosfera del pianeta e di monitorare l'evoluzione delle nubi visibili in infrarosso e ultravioletto, proprio come i meteorologi fanno per l'atmosfera della Terra. La precisione raggiungibile da questo tipo di lavoro è paragonabile a quella dei migliori telescopi professionali posti a Terra, davvero una bellissima soddisfazione per tutti gli astrofili.

Al di là dei dettagli atmosferici, il pianeta può diventare estremamente spettacolare quando raggiunge le minime distanze dalla Terra, con un diametro angolare attorno a 1 primo d'arco e una fase sottilissima. La spettacolarità è data dall'estrema sottigliezza (frazioni di secondo d'arco) della falce del pianeta, ormai privo di qualsiasi dettaglio atmosferico, ma ancora estremamente brillante. Poiché la separazione dal Sole è sempre piccola, il rischio di puntare accidentalmente la nostra stella è elevato. Il consiglio è di schermare la luce solare aiutandosi con alberi, colline o palazzi. Se questo non fosse possibile, sconsiglio caldamente di effettuare osservazioni visuali.

Quando la separazione dal Sole è inferiore a 10°, è visibile una gigantesca e sottilissima falce: la spessa atmosfera del pianeta rifrange e riflette molto bene la luce solare e il disco di Venere risulta illuminato ben oltre la metà, fino al caso limite in cui, a pochi gradi dal Sole, si intravvede il disco completo. In queste situazioni tra gli astrofili parte una vera e propria sfida: riuscire a riprendere il pianeta alla minima distanza dal Sole. Nell'occasione del transito dell'8 giugno 2004 alcuni impavidi osservatori sono riusciti a riprendere Venere come un disco completo solamente poche ore prima del transito. Se non siete più che esperti in questo tipo di osservazioni, non ci provate perché il rischio è troppo alto.

1.3.8. Una sottilissima falce di Venere a 15° dal Sole ripresa in pieno giorno e con un filtro infrarosso a 700 nm. Diametro apparente di circa 1 primo d'arco; fase: 3,36%; 4 gennaio 2006.

Non è finita qui, perché Venere riserva ancora molte sorprese. Non vi accontentate di ciò che un libro vi consiglia di fare. È solo la vostra curiosità e la voglia di sperimentare che possono portarvi a scoperte davvero uniche. Spesso il limite è proprio questo: limitarsi a ripetere quanto fatto da altri senza osare oltre. I consigli che ricevete o quello che leggete sui libri non costituiscono dogmi da seguire ciecamente, ma basi da cui partire per liberare la propria creatività e la voglia di scoprire. Nel nostro caso specifico, se ci fossimo limitati a seguire senza batter ciglio quello che la letteratura scienti-

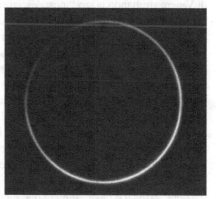

1.3.9. Venere in prossimità della congiunzione inferiore con il Sole, distante solamente 5°, si mostra come un disco completo grazie alla sua atmosfera che rifrange la luce proveniente dal Sole. Filtro infrarosso e *webcam* Vesta Pro; 13 gennaio 2006.

fica ha riportato per decine di anni, non avremmo mai scoperto che il pianeta mostra dettagli atmosferici anche nel visuale, semplicemente perché non ci avremmo provato. Abbiamo invece acquisito le informazioni presenti fino a quel momento e ci siamo chiesti perché non fosse possibile osservare dettagli: se fosse così perché il pianeta non ne mostra, oppure se a causa della tecnica e della strumentazione utilizzata in passato. Abbiamo dubitato di un'affermazione e abbiamo cercato conferme o smentite. Ci è andata bene: le nubi di Venere sono visibili anche nella banda visuale.

Seguendo un approccio simile, che prevede di ragionare su ogni dato che abbiamo a disposizione, consideriamo la superficie del pianeta. Sebbene avvolta da una spessissima atmosfera di anidride carbonica, essa ha una temperatura intorno ai 500 °C, grazie all'effetto serra. Cosa ci suggeriscono l'esperienza e il ragionamento? Avete mai provato a scaldare un metallo a queste temperature? Il metallo si riscalda ed emette una debole luce rossa, indipendentemente che sia ferro, acciaio, alluminio. Possiamo dunque pensare che anche la superficie di Venere potrebbe emettere luce propria di un colore rosso cupo. Questa radiazione termica è regolata dalle leggi del corpo nero. Il picco dell'emissione, in accordo con la legge di Wien, è intorno ai 3,9 μm, ma una quantità apprezzabile viene emessa anche nel vicino infrarosso, fino al visibile.

Bene, abbiamo scoperto una cosa importante, che rivoluziona, almeno in parte, il concetto di pianeta che ci hanno insegnato fin da bambini. Un pianeta è un corpo celeste che non emette luce propria. In realtà, un pianeta generalmente non è sede di processi endogeni di produzione di energia, ma comunque se ha una temperatura sopra lo zero assoluto emette radiazione elettromagnetica e maggiore è la sua temperatura, maggiore è l'emissione termica.

Ma allora perché non dovrebbe essere possibile osservare direttamente la superficie di Venere sfruttando la sua "incandescenza"? In linea teorica, se il pianeta si comporta come la Terra, la temperatura deve diminuire con l'altitudine; e se la temperatura diminuisce, diminuisce anche la radiazione termica emessa da quella porzione di terreno. In altre parole, la radiazione termica emessa da rilievi e montagne è minore di quella delle più roventi pianure sottostanti. Assumiamo che questo comportamento sia vero: è possibile osservare i "segni" lasciati dalla diversa temperatura delle formazioni di Venere? Per capirlo dobbiamo considerare la trasparenza dell'atmosfera. Sappiamo per certo che è opaca in UV, nel visibile e nell'infrarosso vicino, tanto da impedirci di osservare qualsiasi formazione superficiale. Indagando più a fondo, però, scopriamo che l'atmosfera mostra una certa trasparenza in una finestra stretta, in prossimità della lunghezza d'onda di 1010 nm). È possibile allora osservare la superficie a questa lunghezza d'onda? La risposta è negativa se si osserva il lato illuminato dal Sole, visto che la radiazione termica è circa 20mila volte meno intensa della luce riflessa dall'atmosfera

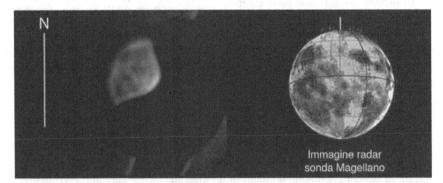

Immagine radar
sonda Magellano

1.3.10. Ripresa termica della parte non illuminata di Venere, attraverso un filtro da 1000 nm e camera CCD ST-7XME. A questa lunghezza d'onda si riesce a penetrare la spessa atmosfera del pianeta e a mostrare dettagli posti a diverse altezze, come valli, montagne, altopiani. A destra, il confronto con i dati altimetrici ottenuti dalla sonda Magellano. La risoluzione raggiunta, di 2″,5, è paragonabile a quella dei migliori telescopi professionali.

del pianeta. Tuttavia, se riuscissimo a osservare a queste lunghezze d'onda il lato notturno di Venere, forse potremmo rilevare la radiazione termica proveniente dalla superficie, parte della quale riesce ad attraversare la spessa atmosfera e giunge fino a noi. In questo caso, la minore emissione delle montagne rispetto alle pianure ci farebbe osservare l'impronta delle formazioni geologiche di Venere. A questo punto, non resta che fare la prova.

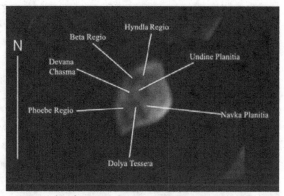

1.3.11. Identificazione dei principali dettagli superficiali di Venere. Queste immagini, prese il 16-17-18 marzo 2009, sono le prime al mondo della superficie di Venere ottenute con strumentazione amatoriale. Questo lavoro dovrebbe far capire le reali potenzialità della strumentazione amatoriale e di come sia possibile condurre seri studi scientifici.

Riprendendo l'emisfero non illuminato quando il pianeta si trova in fase sottile, inferiore al 30%, con un filtro infrarosso con banda passante che inizia a circa 960 nm, e una camera CCD in grado di fare pose dell'ordine di qualche secondo, riusciamo effettivamente a registrare la radiazione termica emessa dall'emisfero non illuminato, secondo le nostre previsioni. Riprese condotte a maggiore risoluzione e profondità mostrano macchie scure: si tratta di dettagli, quasi sempre superficiali, che possiedono una temperatura minore dell'ambiente circostante e appaiono per questo meno luminosi. Riprese continuative eseguite con una camera CCD astronomica, quando il fondo cielo è scuro e il *seeing* ottimo, permettono di ottenere vere e proprie mappe superficiali, di studiare l'evoluzione dei dettagli e la trasparenza della bassa atmosfera ed eventualmente di riprendere l'impronta di eruzioni vulcaniche qualora fossero ancora attive.

L'emissione termica di Venere e i dettagli ad essa associati sono stati studiati negli anni passati solamente da una ristretta cerchia di telescopi professionali, ottenendo risultati, quanto a risoluzione raggiunta, pari a quelli che un telescopio di 20-25 cm è attualmente in grado di registrare. Immaginate quindi quale può essere il contributo della comunità amatoriale nello studio continuativo della superficie venusiana a queste lunghezze d'onda. È possibile monitorare cambiamenti geologici nel corso degli anni, riprendere in diretta eventuali eruzioni vulcaniche e rispondere alla domanda ancora senza risposta sull'attività vulcanica di questo pianeta, ora non più così misterioso.

1.4 Luna

La Luna è il nostro unico satellite naturale e di gran lunga il corpo celeste che più attrae l'attenzione, da quella del semplice curioso che alza sporadicamente la testa verso il cielo, a quella degli astrofili esperti che trovano in esso un ambiente di esplorazione e di studio dalle risorse infinite. Data la sua vicinanza, in media

1.4.1. La Luna quasi Piena. Il nostro satellite naturale è un vero e proprio laboratorio geologico: crateri, montagne, colline, valli, scarpate, oltre ai mari, distese laviche testimonianza di un antico vulcanesimo. Mosaico di 53 immagini ottenute con una *webcam* Vesta Pro.

384mila km, la Luna ci appare di generose dimensioni anche all'osservazione a occhio nudo, superando il mezzo grado, diametro apparente simile a quello solare.

La Luna orbita intorno alla Terra in poco meno di un mese[*1] e durante il suo tragitto ci mostra le fasi, ma sempre lo stesso emisfero. Ciò è dovuto alla coincidenza tra il periodo di rotazione attorno al proprio asse del nostro satellite e quello di rivoluzione intorno alla Terra. In qualsiasi momento, da qualsiasi luogo, la Luna ci mostra sempre la stessa faccia.

In realtà, le cose sono un po' più complicate ed esiste il fenomeno della librazione, che consente di osservare non il 50%, ma il 59% del nostro satellite. Benché, infatti, il periodo di rotazione e rivoluzione coincidano, l'orbita lunare è ellittica e questo significa che la velocità orbitale cambia a seconda della distanza dalla Terra, consentendo di osservare poco più dell'esatta metà che ci si aspetterebbe se l'orbita fosse perfettamente circolare.

Solo con l'avvento dell'astronautica è stato finalmente possibile ammirare anche

---

[*1] Il periodo orbitale è di 27g 7h 43m, quello sinodico di 29g 12h 44m. Il periodo sinodico è il tempo impiegato dalla Luna per raggiungere in cielo la stessa posizione rispetto al Sole. È il periodo delle fasi ed è maggiore di quello orbitale poiché nel corso del mese la Terra si sposta sulla sua orbita.

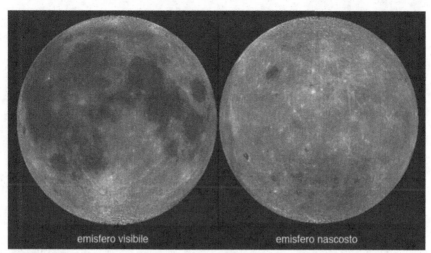

emisfero visibile   emisfero nascosto

1.4.2. Confronto tra i due emisferi della Luna ripresi dalla sonda della NASA Clementine. La faccia nascosta è molto diversa dall'emisfero a noi accessibile: v'è una quasi totale assenza di mari e una maggiore craterizzazione.

la metà nascosta del nostro satellite. I primi uomini ad aver visto con i propri occhi l'altro emisfero della Luna furono gli astronauti dell'Apollo 8, il 24 dicembre 1968.

La faccia nascosta si mostra estremamente diversa rispetto alla metà che possiamo osservare dalla Terra. I grandi mari (le zone più scure) sono pressoché assenti e il tasso di craterizzazione, a causa dell'esposizione allo spazio aperto, è decisamente maggiore: non è esagerato affermare che si tratta di un mondo totalmente diverso rispetto a quello che siamo abituati ad osservare nel cielo del nostro pianeta.

Le condizioni migliori per l'osservazione e la ripresa della Luna si verificano in prossimità del Primo e dell'Ultimo Quarto. Contrariamente a ciò che si potrebbe pensare, nelle fasi prossime alla totale i dettagli visibili diventano molto difficili da catturare. La causa è l'illuminazione frontale da parte del Sole, che fa sparire le ombre e appiattisce il paesaggio. Del resto, quando cade sul pavimento un ago o una piccola vite, per trovarli puntiamo una torcia elettrica radente al terreno, piuttosto che verticalmente dall'alto. Con l'illuminazione radente tutte le piccole impurità vengono enfatizzate enormemente perché gettano ombre molto allungate. Con l'illuminazione dall'alto il pavimento sembra liscio e uniforme e trovare l'oggetto perso diventa molto difficile.

Lo stesso fenomeno è alla base della migliore visibilità dei dettagli lunari nei pressi del Primo e dell'Ultimo Quarto. In queste circostanze, osservando in prossimità del terminatore, i rilievi e i crateri proiettano ombre nette e dal contrasto molto accentuato, rendendosi molto più visibili e assumendo uno splendido aspetto tridimensionale.

Uno sguardo d'insieme, a bassa risoluzione, ci mostra un mondo sostanzialmente grigio e statico, ricco di crateri da impatto. Un telescopio amatoriale ne mostra diverse migliaia, dalle dimensioni e forme più disparate: dai grandi bacini, come Clavius, con un diametro eccedente i 200 km, ai più piccoli crateri che è possibile identificare con uno strumento da 20-25 cm, di dimensioni inferiori al chilometro. L'elevato tasso di craterizzazione dovrebbe farci venire un dubbio in merito al nostro pianeta: è possibile che la Terra sia stata oggetto di un analogo bombardamento meteoritico? Gli scienziati, analizzando il suolo lunare, hanno scoperto che gli impatti si sono verificati in gran parte in un'era compresa tra 2 e 3,5 miliardi di anni fa, quando le regioni del Sistema Solare erano affollate di meteoroidi di dimensioni superiori a qualche chilometro. Perché allora il nostro pianeta non si mostra come la Luna?

La risposta è semplice: il nostro satellite è pressoché privo di atmosfera e acqua liquida, quindi non conosce i fenomeni erosivi ad essi associati. Inoltre, è un corpo celeste geologicamente inattivo, nel quale sono assenti, da miliardi di anni, fenomeni come vulcanesimo e tettonica a zolle, in grado di rigenerare continuamente la crosta superficiale: esattamente l'opposto del nostro pianeta. Qualsiasi evento di natura esterna che modelli la superficie lunare (dagli impatti meteorici alle impronte lasciate dagli astronauti) provoca segni che possono durate per milioni o miliardi di anni.

Oltre ai numerosi crateri da impatto, risultano evidenti i mari, grandi regioni più scure e meno craterizzate prodotte dalla fuoriuscita di colate laviche verificatesi miliardi di anni fa. Imponenti catene montuose, piccole colline o montagne isolate, valli e scarpate, chiamate *rimae*, sono tutte testimoni di un'attività geologica remota, risalente alle fasi immediatamente successive alla sua formazione.

La formazione della Luna è uno dei grandi interrogativi a cui i planetologi solo in questi ultimi anni sembra abbiano dato risposta.

Il sistema Terra-Luna è unico nel Sistema Solare. Molti pianeti possiedono satelliti, ma tutti di massa estremamente minore rispetto ad essi. Il rapporto tra le masse della Luna e della Terra è invece di 1:81; quello dei raggi solamente 1:4. Questo fatto, unito alla composizione chimica lunare povera di elementi pesanti, che ricorda quella del mantello terrestre, ha portato gli scienziati a ipotizzare che la Luna si sia formata da una "costola" della Terra, a seguito di un immane impatto con il nostro pianeta di un planetesimo delle dimensioni di Marte, avvenuto qualche decina di milioni di anni dopo la formazione del Sistema Solare (la Luna ha infatti un'età stimata di $4,527 \pm 0,010$ miliardi di anni, contro i 4,6 stimati del Sistema Solare). L'impatto avrebbe strappato alla Terra parte della sua massa, che si sarebbe stabilizzata in orbita e riaggregata nel corso degli anni, fino a formare la Luna. Altre teorie, come la cattura gravitazionale di un corpo di passaggio o l'accrescimento simultaneo, non possono essere accettate a causa della massa comparabile dei due corpi, che rende quantomeno improbabili, se non impossibili, eventi di questo tipo.

La risoluzione raggiungibile con uno strumento amatoriale dipende criticamente dal contrasto dei dettagli e dalle condizioni di illuminazione; non è raro riuscire a mettere in mostra piccoli crateri di dimensioni inferiori al chilometro, o *rimae* larghe qualche centinaio di metri. Un buon esempio è rappresentato dalla sottile *rima* all'interno della Vallis Alpes, il cui diametro non supera i 200-300 m, ben rilevabile anche con strumenti inferiori a 20 cm. Molte altre *rimae* sparse lungo il terminatore, soprattutto in prossimità del Primo e dell'Ultimo Quarto, sembrano prendersi

1.4.3. Gli Appennini lunari, le cui vette raggiungono i 4000 m. Immagine di Marco Bracale, con un Maksutov di 127 mm e camera planetaria Imaging Source DMK21.

gioco di tutte le formule per il calcolo della risoluzione teorica del nostro strumento.

Le riprese ad alta risoluzione risultano veramente spettacolari, ed è difficile che nel corso della vostra vita riusciate a riprendere ogni dettaglio visibile. In queste pagine verranno proposte solamente alcune immagini ritraenti le formazioni più note e spettacolari. Una delle attività più emozionanti consiste nell'andare voi stessi alla scoperta e alla ricerca di dettagli fini, insoliti, spesso ancora non avvistati o non completamente svelati.

Effettuare riprese a risoluzione medio-alta delle zone prossime ai poli vi garantirà un meraviglioso effetto sorvolo, con panorami simili a quelli che gli astronauti delle navicelle Apollo potevano ammirare prima di atterrare sulla superficie selenica.

1.4.4 Il terminatore lunare attorno al Primo Quarto; al centro sono evidenti tre crateri quasi collegati tra loro: si tratta della famosa triade composta da (dall'alto in basso): Ptolemaeus, Alphonsus e Arzachel. In basso, è evidente una linea scura: si tratta della Rupes Recta, una scarpata lunga oltre 100 km. *Webcam* Vesta Pro.

1.4.5 Porzione sud della Luna di 10 giorni. In queste regioni si concentra il maggior numero di crateri da impatto. Un'immagine come questa è facile da eseguire con una normale *webcam* e uno strumento di diametro anche modesto (10 cm). Mosaico di otto riprese con un telescopio di 235 mm e *webcam* Vesta Pro; 17 novembre 2008.

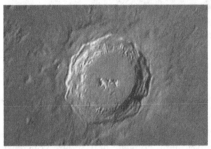

1.4.6 Copernico, 95 km di diametro, è il tipico cratere da impatto: forma regolare e quasi circolare, presenza di un picco centrale, in questo caso una vera e propria mini catena montuosa, bordi rialzati rispetto alla superficie circostante. Questa e le immagini seguenti sono state ottenute con una *webcam* Vesta Pro; 20 marzo 2005.

1.4.7 Plato, 104 km, è un altro famoso cratere da impatto, privo del picco centrale e circondato da rilievi e montagne. Sul fondo si possono osservare molti piccoli crateri di dimensioni inferiori a 1 km; 28 luglio 2005.

1.4.8. Messier A (a sinistra, 13 × 11 km) e Messier B (12 km). Messier è il cratere doppio al centro, leggermente spostato a destra, risultato di un impatto radente; 2 ottobre 2004.

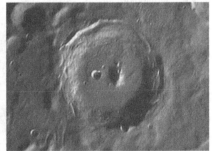

1.4.9. Arzachel, cratere di 100 km di diametro, con un picco centrale molto evidente; 28 luglio 2005.

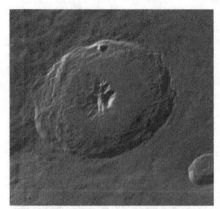

1.4.10. Cratere Theophilus, 104 km, con al centro un'imponente catena montuosa; 20 aprile 2010.

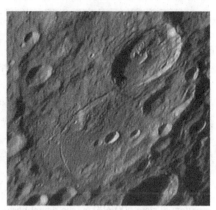

1.4.11. Janssen, 196 km. All'interno vi è una lunga *rima*, 145 × 3,2 km; 2 ottobre 2004.

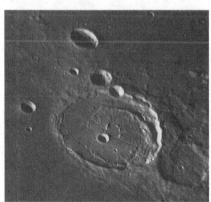

1.4.12. Il cratere Posidonius, 99 km, e il complesso sistema di *rimae* al suo interno.

1.4.13. Mercator, in alto a sinistra, diametro 49 km.

1.4.14. Il cratere Burg, 41 km, al centro di una pianura ricca di sottili *rimae*.

1.4.15. Santbech, al centro spostato sulla sinistra, 66 km, e Monge, più in alto, alla sua destra, 37 km.

1.4.16. Il cratere doppio Maurolycus e Barocius presenta all'interno una notevole quantità di dettagli; i crateri più piccoli visibili hanno dimensioni di circa 500-600 m, che dovrebbero essere sotto il limite della risoluzione teorica strumentale.

1.4.17. La Vallis Alpes è una valle che corre in mezzo alle Alpi lunari; al suo interno si può notare un'altra frattura; quest'ultima ha una larghezza di appena 300 m, ma risulta ben visibile in telescopi di 20 cm. Si noti anche la miriade di colline e di rilievi.

1.4.18. Clavius è sicuramente uno dei crateri più affascinanti, nonché uno dei più grandi, con un diametro di ben 200 km. All'interno vi sono decine di piccoli crateri, alcuni dei quali, visibili nell'immagine, hanno dimensioni di circa 1 km.

1.5 La Terra

Non possiamo chiaramente osservare il nostro pianeta dall'esterno, come avviene con gli altri, ma dalla sua superficie possiamo riprendere tutta una serie di fenomeni interessanti che si verificano in atmosfera. Per farlo utilizzeremo un comune obiettivo fotografico, che può essere montato su una *webcam*, una camera CCD o una reflex digitale. Prima di accennare ai fenomeni, vale la pena di descrivere brevemente le caratteristiche dell'atmosfera terrestre, che è unica, per dinamica e composizione chimica, nel Sistema Solare.

1.5.1 L'atmosfera della Terra

L'atmosfera terrestre è lo strato di gas che circonda il nostro pianeta, indispensabile risorsa per tutti gli esseri viventi. Oltre che metterci a disposizione l'ossigeno che respiriamo, essa ci protegge dalle radiazioni solari nocive (in particolare i raggi UV), scalda l'ambiente a una temperatura adatta allo sviluppo della vita attraverso l'effetto serra e limita le escursioni termiche (sulla Luna, in assenza di atmosfera, di giorno la temperatura tocca i 100 °C e di notte i –150 °C).

La dinamica e la composizione dell'atmosfera terrestre sono fondamentali anche per il ciclo dell'acqua, fattore altrettanto importante per lo sviluppo della vita. Ultimo, ma non per importanza, essa ci protegge anche dai numerosi corpi celesti in rotta di collisione con il nostro pianeta; il suo spessore, infatti, è sufficiente ad evitare che oggetti cosmici, come meteoriti o comete fino a un centinaio di metri di diametro arrivino in superficie con un potenziale distruttivo, provocando gravi danni a ogni ecosistema.

Nella composizione della nostra atmosfera, che varia con il tempo e da luogo a luogo, entrano il vapore acqueo, alcuni gas nobili e idrocarburi, come il metano, ma anche particelle solide e liquide, come acqua e pulviscolo atmosferico. Se prescindiamo dalla presenza di questi composti, che si trovano sostanzialmente in tracce, la composizione della cosiddetta aria secca e pulita è costante e ben determinata: 78% di azoto molecolare, 21% di ossigeno molecolare; il restante 1% è costituito da altri gas, tra i quali l'anidride carbonica, l'argon e tracce di idrogeno ed elio. Il vapore acqueo è in quantità variabile da quasi zero fino a circa il 4% del volume e svolge un ruolo fondamentale per lo sviluppo della vita. Il pulviscolo atmosferico è composto da particelle microscopiche, alcune di origine biologica, come pollini e spore, frutto dei processi biologici, alcune di origine geologica (eruzioni vulcaniche), altre frutto di attività antropica, come le polveri sottili prodotte dai gas di scarico delle automobili.

A quote più elevate, un componente importante della nostra atmosfera è l'ozono. Questo gas è composto da tre atomi di ossigeno e sarebbe letale per noi esseri umani, se respirato, ma assume un'importanza vitale nella zona di atmosfera che occupa. Lo strato di ozono si estende fino a 50 km di quota, con un massimo raggiunto intorno ai 25 km. Esso, tuttavia, rappresenta una porzione trascurabile della composizione totale atmosferica; il suo spessore medio, infatti, rapportato ai valori di pressione e temperatura presenti sulla superficie terrestre, sarebbe solamente di circa 0,4 cm.

L'ozono è presente a queste quote come frutto di un delicato equilibrio dinamico: un atomo di ossigeno, formato dalla fotodissociazione di una molecola, e una molecola stessa di ossigeno collidono in presenza di un'altra molecola che funge da catalizzatore, formando l'ozono. La presenza, essenziale, di ossigeno atomico (molto reattivo) è garantita solamente a quelle quote, dove i raggi ultravioletti provenienti dal Sole riescono a scindere la molecola in due atomi distinti.

Le molecole di ozono hanno una vita media piuttosto breve perché le radiazioni ultraviolette le scindono in ossigeno atomico. Così facendo, però, le radiazioni vengono assorbite, impedendo che giungano fino al suolo. Alle alte quote stratosferiche si instaura un equilibrio dinamico tra l'ozono scisso dalla radiazione solare e quello che si crea attraverso le collisioni. La presenza di altre molecole o gas, come i famigerati clorofluorocarburi (CFC) d'origine antropica, può alterare sensibilmente l'equilibrio e provocare seri danni allo strato di ozono.

Negli anni Settanta del secolo scorso, apparve chiaro che questi gas, piuttosto inerti, avevano raggiunto lentamente ma inesorabilmente lo strato di ozono e ne avevano pesantemente alterato la densità. I CFC vengono infatti dissociati dalla radiazione ultravioletta solare, liberando atomi di cloro che attaccano l'ozono e lo distruggono. L'immissione in atmosfera di grandi quantità di CFC ha prodotto il famoso "buco nell'ozono", un assottigliamento di questo strato protettivo, fortunatamente ridottosi di molto negli ultimi anni, dopo che sono state assunte efficaci misure di messa al bando dei CFC nella produzione industriale.

L'atmosfera è interessata da fenomeni meteorologici importanti e da una complessa dinamica che però, in questa sede, non tratteremo.

1.5.2 Meteore

In una normale notte sotto le stelle, sono decine le meteore (impropriamente dette "stelle cadenti") che si possono osservare. In particolari giorni dell'anno il numero di meteore osservabili cresce anche di decine di volte; in questo caso si parla di *piogge meteoriche*.

Ma cosa sono le meteore?

Le stelle cadenti sono il prodotto dell'ingresso nell'atmosfera terrestre di piccole ma veloci (da 11 a 72 km/s) particelle solide, chiamate *meteoroidi*, di solito grandi come un granello di sabbia, le quali, giunte a una quota di 50-80 km, vengono vaporizzate dal calore sviluppato dagli attriti con gli strati superiori della nostra atmosfera. Raramente si tratta di veri e propri massi di dimensioni apprezzabili, diciamo come un pallone da calcio. In queste situazioni, rare ma non troppo (alcune decine d'eventi all'anno), la luminosità della meteora può essere superiore a quella di Venere o della Luna Piena: siamo di fronte a un *bolide* o a un *super bolide*, che mostra anche una tenue scia luminosa, raramente accompagnata da un suono simile a un boato (suono elettrofonico). Sporadicamente, e solo per oggetti di dimensioni cospicue, di alta densità, e con particolari parametri d'impatto, si può assistere alla caduta al suolo.

Ogni anno sulla Terra precipitano tonnellate di materiale proveniente dallo spazio, perlopiù sotto forma di polvere. Gli impatti sono mediamente un centinaio l'anno. Il corpo che giunge a Terra generalmente ha dimensioni ridotte, dell'ordine dei centimetri, e non genera un cratere. Oggetti oltre i 100 metri di diametro sono potenzialmente pericolosi e liberano abbastanza energia da scavare crateri di dimensioni circa dieci volte

1.5.1. Un bolide, fenomeno raro, di magnitudine circa −4, nei pressi della Stella Polare. Posa di 15 s con camera CCD ST-7XME.

1.5.2. Una debole meteora transita vicino alla Stella Polare. In qualsiasi nottata si può osservare a occhio nudo una decina di meteore sporadiche.

maggiori del corpo impattante. I piccoli massi, invece, non provocano disastri.

L'origine dei meteoroidi che impattano con l'atmosfera terrestre è varia: spesso si tratta dei resti di un nucleo cometario, oppure di piccole rocce eiettate dalla Luna o da Marte a causa di impatti con grandi asteroidi, oppure ancora di detriti provenienti dalla Fascia Principale degli asteroidi.

La caduta dei meteoroidi avviene costantemente durante tutto l'anno. La frequenza cresce sensibilmente nel corso delle piogge meteoriche, che si verificano quando la Terra attraversa i detriti disseminati in orbita dalle comete. Le piogge più famose sono quelle delle Perseidi, il cui massimo si verifica generalmente nei giorni attorno all'11 e al 12 agosto, e delle Leonidi, attorno al 16-17 novembre. Il nome degli sciami meteorici deriva dal punto dal quale le meteore sembrano scaturire, detto anche *radiante*, localizzato, nei casi citati, rispettivamente nella costellazione del Perseo e del Leone.

Nei giorni indicati, guardando in direzione di queste costellazioni, si possono osservare decine di meteore l'ora; a volte, anche se raramente, addirittura qualche centinaio. La frequenza delle meteore viene identificata dallo ZHR (*Zenithal Hourly Rate* = tasso orario zenitale). Lo ZHR stima, statisticamente, il numero di meteore che si vedrebbero se il radiante fosse localizzato allo zenit, cioè a 90° sopra l'orizzonte. Un radiante basso sull'orizzonte e l'inquinamento luminoso (quando è presente anche la Luna) riducono il numero reale di meteore visibili di oltre la metà.

La ripresa di questi eventi è sicuramente spettacolare e va condotta rigorosamente con apparecchiature che consentono di abbracciare un campo molto largo, poiché una tipica meteora percorre diversi gradi in cielo lungo traiettorie che è impossibile prevedere. Le camere planetarie, equipaggiate con obiettivi molto luminosi e a grande campo, possono sostituire egregiamente la classica apparecchiatura, costituita da una macchina fotografica con obbiettivo grandangolare. Avviando la registrazione di un filmato, con esposizioni arbitrarie, ma non superiori a 1/5 s, si è nelle condizioni ottimali per registrare le scie meteoriche. In fase di elaborazione, poi, si potrà scegliere se selezionare i *frame* interessati dalle meteore e sommarli, per avere un'immagine finale contenente tutte quelle catturate, oppure comporre un filmato *time-lapse* (vedi 3.5), cioè un'animazione che mostra tutte le meteore registrate: in entrambi i casi lo spettacolo è assicurato e non sono necessari né un telescopio né una montatura motorizzata.

Si possono utilizzare anche le reflex digitali, scattando immagini a lunga esposizione. In questo caso si evidenzieranno le strisciate e non il moto della meteora; se siete interessati al lato estetico-spettacolare questa è sicuramente la tecnica migliore.

1.5.3 Aurore

Le aurore polari (boreali o australi) sono fenomeni spettacolari che si verificano nel cielo di regioni all'incirca oltre i 50° di latitudine (nord o sud). Fisicamente, il processo che porta alla formazione di un'aurora è il seguente. Il Sole, soprattutto nei periodi in cui è molto attivo, rilascia nello spazio ingenti quantità di particelle cariche, quali elettroni, particelle alfa (nuclei di elio) e soprattutto protoni. Queste particelle, quando giungono all'altezza della Terra, vengono deviate dal campo geomagnetico; alcune vengono convogliate nelle regioni polari e dirette verso la superficie.

A contatto con gli strati più elevati dell'atmosfera, a circa 100 km di quota, l'urto

1.5.3. Una magnifica aurora boreale nei cieli dell'Alaska. (Joshua Strang)

con le molecole atmosferiche provoca l'emissione di luce tipicamente di colore verde, causata dalla ionizzazione e successiva ricombinazione degli atomi di ossigeno.

I colori e l'estensione delle aurore variano a seconda del flusso di particelle ionizzanti. In casi eccezionali, in cui l'attività solare è particolarmente intensa, possono essere avvistate anche alle medie latitudini italiane. Generalmente alle latitudini di Roma (42° nord) è visibile un'aurora ogni undici anni, mentre a Vancouver, località canadese molto più vicina al polo nord magnetico, se ne possono vedere anche dieci all'anno. Per osservare un'aurora da località italiane occorre aspettare il massimo dell'attività solare ed è indispensabile trovarsi sotto un cielo molto buio. L'aurora si manifesterà come un chiarore nel cielo molto basso sull'orizzonte.

La loro ripresa si effettua con strumentazione modesta, quale una normale fotocamera digitale capace di esporre per almeno una decina di secondi.

1.5.4 Luce zodiacale

Nelle buie e trasparenti nottate primaverili, quando l'eclittica ha la massima inclinazione sull'orizzonte e il crepuscolo ha durata minore rispetto a tutto il resto dell'anno, si può ammirare un chiarore debole e diffuso di forma triangolare che parte dalla direzione in cui è tramontato il Sole e può giungere a diverse decine di gradi di altezza sull'orizzonte. Stiamo ammirando la *luce zodiacale*, molto difficile da osservare dalle località italiane a causa dell'inquinamento luminoso. In una notte senza Luna e lontano dalle luci delle città, la luce zodiacale può apparire evidente anche a occhio nudo, manifestandosi come una striscia di luce lungo l'eclittica (il percorso apparente del Sole e di tutti i pianeti), di intensità maggiore in prossimità dell'orizzonte dove è tramontato il Sole.

La luce zodiacale è causata dalla presenza di polveri sul piano dell'eclittica che riflettono e diffondono la luce del Sole. Le polveri nella zona interna all'orbita terrestre sono principalmente di origine cometaria (circa l'89%), il resto è di origine asteroidale. La loro densità è incredibilmente bassa (circa 10 particelle ogni metro cubo) eppure basta perché si rendano visibili. L'estensione rilevabile è intorno ai 60°, ma le polveri sono disposte lungo tutta l'eclittica. Nella parte opposta al Sole, l'intensità della luce zodiacale si rafforza, assumendo una forma ovale; questo fenomeno è chiamato *gegenschein*.

1.5.4. La luce zodiacale ripresa con un normale obbiettivo fotografico dai cieli scurissimi della Namibia. Osservarla dai cieli nostrani è un'impresa quasi impossibile. Immagine di Stefan Seip.

1.5.5 Pareli solari ed aloni

Si tratta di fenomeni ottici causati dalla rifrazione della luce solare o lunare da parte di cristalli di ghiaccio presenti negli strati bassi dell'atmosfera (tipicamente a circa 10-12 km). Si verificano spesso in inverno e in presenza di sottili cirri.

I pareli solari sono vere e proprie immagini fantasma del Sole poste a circa 22° di distanza (a est e a ovest), che possono assumere colorazioni iridate a seguito dell'orientazione ordinata dei cristalli di ghiaccio che agiscono come migliaia di prismi.

Gli aloni sono causati dallo stesso meccanismo fisico, ma cambiano la distribu-

1.5.5. Un parelio solare, facile da riprendere con ogni fotocamera.

1.5.6. Alone (colorato) intorno alla Luna quasi Piena, causato dalla presenza di sottili nubi di cristalli di ghiaccio.

zione e l'orientazione (in questo caso casuale) dei cristalli di ghiaccio presenti nell'atmosfera, che restituiscono un alone completo attorno al Sole o alla Luna.

Sono fenomeni interessanti e belli da osservare, ma piuttosto rari. Anche in queste situazioni la strumentazione migliore è una comune macchina fotografica.

1.5.6 Il raggio verde

Il raggio verde è un fenomeno ottico-atmosferico, che si verifica quando la luce del Sole al tramonto attraversa diversi strati d'aria e ne viene rifratta. È un sottile anello verde che si manifesta per una frazione di secondo sulla sommità del disco solare. Osservarlo e riprenderlo non è semplice poiché occorre un orizzonte molto libero (ideale il mare), sgombro da nubi, e soprattutto bisogna avere la fortuna di assistere al fenomeno, poiché non sempre si verifica.

La ripresa del raggio verde si effettua generalmente con piccoli telescopi e sensori a colori e di grande formato, come le reflex digitali. Grazie all'attenuazione della luce solare da parte della nostra atmosfera, non si deve utilizzare alcun

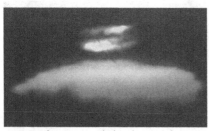

filtro solare; prestate comunque sempre molta attenzione ed evitate di osservare direttamente per più di qualche secondo, poiché la luce solare, benché apparentemente sopportabile, può essere dannosa. Consiglio quindi, a chi volesse intraprendere la caccia al raggio verde, di osservare il Sole attraverso lo schermo della propria fotocamera digitale o del proprio computer, mai direttamente.

1.5.7. Il raggio verde ha durata inferiore a un secondo e si rende visibile (raramente) appena sopra il disco del Sole al tramonto.

1.5.7 Satelliti artificiali

La Luna è l'unico satellite naturale della Terra, ma non è l'unico oggetto orbitante attorno al nostro pianeta. Esistono infatti migliaia di satelliti artificiali posti su orbite più o meno basse, molti dei quali sono visibili a occhio nudo. In una notte scura, poco dopo il tramonto del Sole, non è difficile notare luci bianche solcare il cielo e improvvisamente scomparire, con una velocità apparente superiore a quella di un aereo.

Alcuni satelliti, come quelli della famiglia degli Iridium, sono particolarmente spettacolari: le loro strutture riflettenti li fanno accendere improvvisamente e brillare più di Venere, per poi tornare di colpo invisibili non appena entrano nel cono d'ombra della Terra.

I satelliti visibili a occhio nudo sono posti su orbite basse, generalmente intorno ai 300-500 km. Quando sulla Terra inizia la notte, o sta per sorgere il Sole, si verifica una configurazione geometrica favorevole alla loro osservazione: gli osservatori, infatti, si trovano ancora nell'ombra terrestre, in oscurità, mentre il satellite, a quelle quote, può essere illuminato dal Sole almeno per qualche tempo, rendendosi visibile come una stella mobile e di luminosità variabile a seconda della parte che riflette la luce. Quando il satellite entra nell'ombra terrestre scompare improvvisamente.

Il satellite artificiale per eccellenza è la Stazione Spaziale Internazionale (ISS), di gran lunga il più grande e luminoso di tutto il cielo, arrivando anche a magnitudini negative. Quando è visibile, è impossibile non notarla. La sua velocità angolare è notevole, anche 1° al secondo. La ISS compie una rivoluzione completa attorno alla Terra circa ogni 90m, ma è visibile solamente poco dopo il tramonto o poco prima dell'alba, quando è illuminata dalla luce solare.

La si può comunque osservare anche quando è in ombra, se si trova a transitare (per puro caso) davanti alla Luna o al Sole: in queste situazioni appare come un punto nero che solca i dischi luminosi dei due corpi celesti.

La sua orbita, posta a circa 360 km di quota, e le ragguardevoli dimensioni, superiori a quelle di un campo da calcio, fanno sì che essa abbia un diametro angolare simile a quello di Giove, intorno ai 45-50 secondi d'arco, quanto basta per mostrare, in linea teorica, la sua forma. In effetti, se si riuscisse a puntare e a riprendere la ISS, inseguendola alla stregua di un pianeta, si distinguerebbero moltissimi dettagli: la forma, i diversi moduli, i pannelli solari, il lungo braccio robotico, la presenza di eventuali navette attraccate (compreso lo

1.5.8 Non di rado, durante le lunghe esposizioni compaiono strisciate causate dal passaggio di qualche satellite artificiale. Il sito **www.heavens-above.com** vi permetterà di identificare tutti quelli che passano sopra la vostra testa.

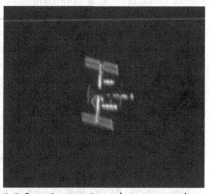

1.5.9. La Stazione Spaziale Internazionale ripresa dal suolo con la stessa tecnica e strumentazione impiegata per la ripresa dei pianeti. Il suo diametro apparente superiore a 40" la rende grande quasi quanto Giove. (Stefan Seip, **www.astromeeting.de**)

Shuttle), addirittura la sagoma di eventuali astronauti al lavoro al di fuori di essa, poiché la risoluzione teorica raggiungibile a quella distanza con uno strumento di 25 cm è intorno a 1 m! Sfortunatamente la ripresa è complicata dall'elevatissimo moto apparente, impossibile da compensare per la maggior parte delle montature amatoriali.

Ottenere riprese a piena risoluzione è una vera e propria impresa (senza considerare gli effetti del *seeing* e il poco tempo a disposizione per raccogliere le singole immagini da sommare!). Nonostante questo, armandosi di pazienza e buona volontà, è possibile seguire manualmente il suo veloce moto mentre la *webcam* riprende un video. Un astrofilo olandese, con un telescopio Newton di 25 cm, è

1.5.10. La Stazione Spaziale Internazionale (ISS) e lo Shuttle Atlantis in avvicinamento si stagliano nerissimi sul disco del Sole. Ripresa di Thierry Legault con reflex digitale.

riuscito a riprendere la sagoma di un astronauta impegnato in attività extra-veicolari!

I passaggi della ISS, e di tutti gli altri satelliti, sono facili da prevedere: la rete è ricca di risorse, tra le quali **www.heavens-above.com** e **http://www.calsky.com/**, siti che forniscono le previsioni di passaggio in cielo di ogni satellite e per ogni località del mondo.

1.6 Marte

Marte, il pianeta rosso, è uno dei pianeti più affascinanti, purtroppo osservabile facilmente e con profitto solamente ogni 26 mesi, quando si trova alla minima distanza dalla Terra e in opposizione al Sole. Lontano dalle opposizioni è molto difficile da riprendere perché di dimensioni angolari troppo esigue, fino a 3",5 in prossimità della congiunzione con il Sole. In prossimità della Terra può raggiungere anche i 25" (in occasione delle cosiddette grandi opposizioni, che si verificano però ogni 18 anni). Un valore medio è attorno ai 18", sufficiente per mostrare molti dettagli superficiali e seguire il pianeta per almeno quattro mesi a cavallo dell'opposizione. L'orbita marziana è marcatamente ellittica (eccentricità 0,093): durante le opposizioni la distanza dalla Terra varia tra 56 e 100 milioni di chilometri.

Grande poco più della metà del nostro pianeta, con una massa dieci volte minore e una gravità tre volte inferiore, è l'ultimo dei pianeti rocciosi, posto su un'orbita con semiasse maggiore a 1,52 UA. Il periodo di rotazione è di 24h 37m, quello di rivoluzione di 687 giorni.

Uno sguardo da vicino ci mostra un pianeta per certi versi simile alla Terra, sebbene si tratti di un mondo estremamente arido e geologicamente inattivo.

La superficie, di colore rossastro, è cosparsa di ossido di ferro, cioè ruggine, e l'atmosfera, 200 volte più tenue di quella terrestre, è composta per oltre il 95% da

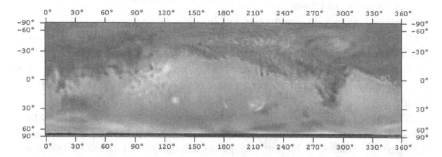

1.6.1. Planisfero di Marte ricostruito da riprese effettuate durante l'opposizione del 2005. *Webcam* Vesta Pro.

anidride carbonica. L'ossigeno è presente solo in piccolissime tracce, così come il vapore acqueo.

Con un piccolo telescopio si possono osservare una serie di fenomeni simili a quelli del nostro pianeta: la formazione di nubi e nebbie, composte principalmente da cristalli di ghiaccio, ricorda molto da vicino quella dei cirri terrestri.

L'inclinazione dell'asse del pianeta, di circa 26°, simile a quella della Terra (23°,27), è responsabile del fenomeno delle stagioni che, a causa della distanza del pianeta dal Sole, durano quasi il doppio delle nostre. L'alternanza di periodi caldi e freddi modifica di molto l'aspetto di Marte, a cominciare dalle calotte polari, composte da ghiaccio secco (anidride carbonica, CO_2) e ghiaccio d'acqua, le quali si ritirano d'estate e avanzano in inverno.

Alle località più temperate, l'alternanza delle stagioni produce spesso forti venti in grado di sollevare ingenti quantità di sabbia e generare gigantesche tempeste che possono avvolgere totalmente il pianeta, rendendo invisibile ogni dettaglio superficiale.

Si ritiene che qualche miliardo di anni fa Marte potesse essere simile all'attuale Terra, con acqua abbondante sulla sua superficie a formare un grande oceano confinato nell'emisfero nord, che in effetti appare molto liscio e privo di crateri.

Attualmente le condizioni atmosferiche non permettono all'acqua di scorrere in forma liquida, ma ingenti quantità sotto forma di ghiaccio sono state individuate nelle calotte polari e nel sottosuolo, confermate dalla sonda della NASA Phoenix, atterrata nei pressi del polo nord il 25 maggio 2008.

Quello di Marte è un ambiente secco e freddo. La temperatura media del pianeta è di –63 °C, con minimi di –140 °C e massimi che, nelle regioni equatoriali e in estate, possono raggiungere i +30 °C.

I dettagli osservabili sono molti, a cominciare dalla superficie ricca di macchie di albedo (cioè zone che riflettono diversamente la luce solare). La calotta polare visibile da Terra (alternativamente quella nord o quella sud) cambia di aspetto nel corso di pochi giorni, estendendosi o ritraendosi a seconda della stagione che il pianeta sta attraversando. Nubi e nebbie compaiono sparse

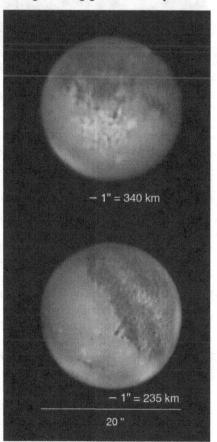

1.6.2. Due immagini di Marte, prese in ottobre-novembre 2005, che mostrano quanto di meglio si possa ottenere con uno strumento di 23 cm e una *webcam*, in questo caso una Vesta Pro.

26 giugno 2001   4 settembre 2001

1.6.3. Due riprese del Telescopio Spaziale "Hubble" testimoniano il cambiamento globale nell'aspetto del pianeta a seguito di una tempesta di sabbia che nel settembre 2001 ha interessato l'intera superficie, oscurando per settimane ogni dettaglio sul disco.

su tutta la superficie, si allungano, si intensificano proprio come sulla Terra. La densità delle nubi è molto bassa, così come estremamente bassa (dell'ordine dello 0,1%) è la concentrazione di vapore acqueo negli strati atmosferici a bassa quota. L'atmosfera è quindi un ambiente estremamente secco; la formazione delle nubi è resa possibile dalla bassissima soglia di saturazione del vapore acqueo in atmosfera. In altre parole, bastano quantità trascurabili di questo gas affinché condensi in ghiaccio e formi le nubi.

Le calotte polari durante le estati marziane si sciolgono e perdono completamente lo strato di anidride carbonica, lasciando solamente una distesa di ghiaccio d'acqua. Il gas delle calotte sublima e viene immesso nell'atmosfera; lo squilibrio di pressione che si crea con le zone circostanti e l'intenso irraggiamento solare possono causare forti venti in grado di sollevare grandi quantità di sabbia, generando tempeste globali, come è accaduto nel 2001 e a metà 2007, con venti fortissimi e polvere alzata per oltre 20 km di quota nella tenue atmosfera marziana.

Più frequentemente le tempeste di sabbia sono di natura locale, ma sempre ben visibili anche con piccoli strumenti, e si manifestano improvvisamente, generalmente a latitudini tropicali, evolvendo o scomparendo anche in poche ore.

Statisticamente ad ogni opposizione del pianeta, ogni 26 mesi, se ne registrano almeno un paio su media scala. Solo in rarissime occasioni la tempesta assume una portata globale, nascondendo per diverse settimane i dettagli visibili. Le due tempeste più intense registrate si sono verificate nel 2001 e nella grande opposizione del 1956: in entrambe l'atmosfera del pianeta fu avvolta completamente per diverse settimane dalla polvere rossa alzata dai venti.

Nell'emisfero opposto alla calotta polare visibile (più frequentemente quella

1.6.4. A sinistra è ben visibile il Monte Olimpo, a destra banchi di foschia. Il nord è in basso. *Webcam* Vesta pro; 30 ottobre 2005.

1.6.5. Benché tenue, l'atmosfera di Marte è spesso ricca di nebbie e di sistemi nuvolosi facili da catturare con ogni strumento. Il nord è in alto. *Webcam* Vesta pro; 15 ottobre 2005.

sud) si può osservare la nascita o lo svilupparsi del cosiddetto cappuccio di nubi polari, una spessa coltre nuvolosa che anticipa la formazione della calotta polare non visibile, e che assume forme davvero particolari.

Nelle regioni equatoriali si possono facilmente ammirare alcune formazioni montuose tra le più imponenti del Sistema Solare, come il Monte Olimpo e la cintura dei vulcani di Tharsis, tre vulcani allineati, non troppo lontani dal Monte Olimpo, che con i suoi 27 km di altezza e 600 km di diametro è di gran lunga il più grande di tutti i pianeti. I tre vulcani della regione di Tharsis sono di dimensioni minori. La loro attività è cessata presumibilmente da qualche miliardo di anni.

Spesso la cintura dei vulcani e il Monte Olimpo sono avvolti da sottili nubi orografiche, simili alle omonime terrestri che di frequente avvolgono le cime montuose più elevate, composte da minuscoli cristalli di ghiaccio d'acqua che si dissolvono generalmente con l'avanzare del giorno marziano. Quando non vi sono nubi (che si sviluppano principalmente nelle prime ore del mattino marziano), i tre vulcani sono difficili da individuare, ma non il Monte Olimpo, che si stacca molto bene dalla superficie.

In prossimità del passaggio in meridiano centrale, quando la luce del Sole illumina i bordi del vulcano ma non riesce a entrare nella profonda caldera, è possibile riprenderne la forma e mettere in mostra il cratere, il cui contrasto è elevato, paragonabile a quello dei piccoli e profondi crateri lunari non illuminati dal Sole. È questo il motivo per cui anche un telescopio con un potere risolutivo teorico di 0″,50 riesce ad evidenziare questo dettaglio nonostante sia di dimensioni apparenti più contenute: non riesce comunque a risolverne la forma.

Nelle vicinanze si trova un enorme canyon, simile al Gran Canyon terrestre, ma molto più grande, chiamato Valles Marineris, esteso per ben 5000 km, largo 300 km e profondo 7 km, che nelle immagini appare come un piccolo solco scuro.

Altre montagne imponenti compaiono qua e là nell'emisfero nord; tra queste spicca il Monte Elysium. In particolari condizioni di osservazione si rendono visi-

L'Universo in 25 cm

1.6.6. Evoluzione della calotta polare nell'arco di pochi mesi. A sinistra, giugno 2003, la calotta è piuttosto estesa, con una frattura netta, segno che si sta ritirando. Al centro, fine agosto 2003, la calotta si è notevolmente ritirata e quello che resta della frattura precedente è solo una piccola porzione distaccata dal corpo principale. A destra, ottobre 2003, la calotta polare è ormai quasi scomparsa. Ciò che resta è solo ghiaccio d'acqua. Immagini ottenute con un rifrattore acromatico di 15 cm e *webcam* Vesta Pro.

bili anche i maggiori crateri da impatto, presenti in gran numero soprattutto nell'emisfero nord, ma spesso nascosti dall'illuminazione frontale sotto cui li vediamo. La loro presenza si mostra facilmente circa un mese prima e dopo l'opposizione, quando l'effetto fase è evidente e il diametro angolare ancora sufficiente per l'alta risoluzione.

Un telescopio di 20 cm è in grado di mostrare tutte le principali formazioni geologiche del pianeta e di mettere in mostra l'evoluzione atmosferica su medio-piccola scala.

L'uso di filtri è molto consigliato con il pianeta rosso. In particolare, gli infrarossi, o i rossi, aumenteranno notevolmente il contrasto dei dettagli superficiali, nascondendo però quelli atmosferici, facilmente visibili con un filtro blu o ultravioletto.

La luce che il pianeta ci invia è tanta e incoraggia a impiegare filtri più "spinti", come i violetti o gli infrarossi oltre gli 800 nm, che enfatizzano ancora di più dettagli atmosferici (filtro UV) e superficiali (IR). Il loro impiego è utile per discriminare tra i due tipi di dettagli; per esempio, il cappuccio di nubi, invisibile in infrarosso, viene spesso confuso con la vera calotta polare, la cui visibilità non dipende dal filtro utilizzato.

Marte possiede anche due satelliti, relativamente facili da catturare, nonostante la loro vicinanza al pianeta. Phobos e Deimos sono due piccoli asteroidi catturati dal campo gravitazionale del pianeta. Il primo dista solamente 9380 km dal centro del pianeta rosso, ha dimensioni irregolari (forma triassiale: 13,5×10,8×9,4 km) e un periodo di rivoluzione (uguale a quello di rotazione) pari a 7h 39m. Il secondo, Deimos, orbita a 23.460 km, ha una forma simile a quella di un uovo (7,5×6,1×5,5 km) con un periodo di rivoluzione (uguale a quello di rotazione) di 30h 18m.

Durante le opposizioni medie, Phobos ha una magnitudine di 11,6 e dista al massimo 22" dal centro del pianeta, cioè solamente 14" dal bordo. Deimos splende di magnitudine 12,7 e dista al massimo 54" dal centro di Marte (cioè 46" dal bordo). Una semplice *webcam* e un telescopio di 15-20 cm sono sufficienti a mostrare queste due lune, a patto di riprenderle quando si trovano alla massima elongazione dal pianeta e in prossimità dell'opposizione, quando raggiungono la massima luminosità apparente. È da rimarcare il fatto che ai tempi della pellicola, l'immagine di

questi due piccoli asteroidi era appannaggio esclusivo dei più grandi telescopi
del mondo. Fortunatamente, con l'avvento delle *webcam* qualche astrofilo ha
voluto provare a riprendere i due satelliti
e ha avuto successo. Ora la loro immagine è relativamente facile da catturare
anche con strumenti modesti.

Marte possiede un'elevata luminosità
superficiale, ed è facile da riprendere
anche durante il giorno, con il Sole alto
sull'orizzonte, e con l'aiuto di un filtro
passa infrarosso. Se dista almeno 50°
dalla nostra stella può essere anche osservato visualmente e apparirà con i con-

1.6.7. I satelliti di Marte, Phobos (il più interno e luminoso) e Deimos (esterno), sono due piccoli corpi asteroidali di forma irregolare, alla portata di una *webcam*; 31 luglio 2005.

trasti ancora più netti che nell'osservazione notturna, quando la notevole
luminosità confonde il nostro occhio, restituendo un'immagine dai contrasti ridotti.

Le risoluzioni raggiungibili, che dipendono anche dai contrasti dei dettagli planetari, sono intorno a 150 km durante le opposizioni medie (con un diametro sui
18-20 secondi d'arco), ma possono scendere anche fino a 100-120 km nelle grandi
opposizioni, purtroppo sfavorevoli agli abitanti dell'emisfero boreale, poiché si verificano quando il pianeta si trova molto basso sull'eclittica, in prossimità della costellazione del Sagittario.

Dopo la Luna, Marte è sicuramente il corpo celeste che gli astrofili dotati di
strumentazione amatoriale e sensori di ripresa digitale possono meglio studiare e
dal quale possono ricavare preziose informazioni, semplicemente analizzando nel
modo giusto le proprie immagini.

Anche lontano dalle opposizioni il pianeta rosso è interessante da riprendere e
studiare in modo continuativo, riservando spesso delle sorprese (ad esempio, le
tempeste di sabbia). La ripresa di Marte ha un fascino tutto particolare, visto che
si tratta dell'unico pianeta del Sistema Solare che, sotto certi aspetti, è simile al
nostro. La vicinanza fa sì che possa essere indagato in profondità. Non limitatevi
quindi a riprenderlo solo nei mesi di migliore visibilità; seguitelo spesso, poiché
ci saranno sempre dettagli molto interessanti da registrare.

1.7 Giove

Giove è il pianeta più facile da riconoscere e da osservare. Nonostante sia circa
sette volte meno brillante di Venere al suo massimo, ha una magnitudine di –2,5,
ciò che lo rende più brillante di qualunque stella, e un diametro angolare variabile
fra 32"e 50". Trattandosi di un pianeta esterno, come Marte, si può trovare anche
a grandi distanze angolari dal Sole.

Le prime osservazioni a occhio nudo mostrano un pianeta estremamente brillante, di colore biancastro. Il suo moto apparente è assai lento, per via della grande
distanza dal Sole. Giove è il pianeta più grande del Sistema Solare, con un diametro

L'Universo in 25 cm

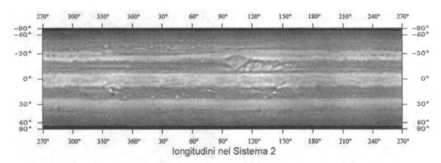

1.7.1. Planisfero dell'atmosfera di Giove ottenuto con immagini dell'opposizione del 2005 riprese con una *webcam* Vesta Pro. Sono visibili tantissimi dettagli. L'atmosfera del pianeta gigante può cambiare radicalmente nel corso degli anni.

oltre dieci volte superiore a quello terrestre e una massa 318 volte maggiore.

Un veloce sguardo, con qualsiasi telescopio, ci rivela dettagli estremamente diversi rispetto a quelli ammirati fino ad ora sui pianeti. Il disco è percorso da "strisce" orizzontali di diverso colore; qua e là si notano piccole macchie, alcune bianche, altre scure. La forma del pianeta non è sferica, ma presenta un evidente schiacciamento polare. Le piccole macchie si muovono con velocità diverse a seconda della latitudine alla quale si trovano e non di rado interagiscono tra loro anche attraverso fusioni. Giove non è un pianeta solido, come Marte o la Terra. La deformazione del globo e la velocità differenziale delle numerose macchie sono la prova che stiamo osservando un pianeta composto quasi esclusivamente di gas.

In effetti, Giove è un gigante gassoso, il rappresentante di una classe di pianeti estremamente diversi da quelli piccoli e rocciosi incontrati finora. La sua composizione è quasi stellare: è fatto per oltre il 70% da idrogeno (H) e per il 24% da elio (He); il resto è costituito da gas quali l'ammoniaca (NH_3) e il metano (CH_4).

Giove non ha una superficie solida sulla quale eventualmente far scendere una navicella; per questo motivo le sonde che lo hanno visitato si sono limitate ad orbitargli intorno o a sganciare piccoli moduli in atmosfera, che sono finiti distrutti, scendendo in quota, dalle enormi pressioni degli strati più interni.

Mano a mano che si scende in profondità, l'idrogeno si fa dapprima liquido (analogamente a quanto succede ai gas contenuti nelle comuni bombolette, sotto pressione) e poi assume un comportamento metallico (a circa 25mila km di profondità) a pressioni di circa 3 milioni di atmosfere. A circa 37mila km di profondità sotto la sommità delle nubi si incontra un nucleo roccioso con dimensioni simili a quelle della Terra (diametro di 12mila km). Oltre alla pressione, aumenta anche la temperatura, che dai $-120\,°C$ degli strati atmosferici esterni raggiunge i 30mila °C del nucleo roccioso.

Il periodo di rivoluzione attorno al Sole è di 11,8 anni; quello di rotazione attorno al proprio asse è brevissimo, solamente 9h 55m.

All'equatore, la velocità delle nubi per la rotazione del pianeta è di circa 12 km/s. Questa elevatissima velocità è causa dello schiacciamento polare del pianeta: il diametro equatoriale supera di 9200 km quello polare. Lo schiacciamento è avvertibile con ogni telescopio: tutti i pianeti gassosi ne vanno soggetti, anche se non sempre in modo così vistoso.

Come tutti i pianeti gassosi del Sistema Solare, Giove possiede un sistema di anelli, che è molto tenue e invisibile con strumenti amatoriali.

Nel 1609, Galileo Galilei fu il primo a puntare un telescopio verso il pianeta, scoprendo che esso è contornato da quattro "stelline" allineate, disposte sull'estensione del suo piano equatoriale. Le osservazioni condotte per un paio di mesi consentirono a Galileo di capire che si trattava di satelliti naturali del pianeta, proprio come la Luna lo è per la Terra. Il grande pisano propose di chiamare Medicei i satelliti, in omaggio alla famiglia dei Medici di Firenze.

I satelliti attualmente conosciuti sono 63. Il sistema gioviano è dominato dai quattro grossi Medicei: Io, Europa, Ganimede (il maggiore satellite del Sistema Solare, più grande di Mercurio) e Callisto. Brillano di magnitudini comprese tra la 5 e la 6.

L'atmosfera di Giove è ricchissima di fenomeni. La circolazione atmosferica gioviana può essere pensata simile, almeno in prima approssimazione, a quella terrestre, con la formazione di celle atmosferiche, la salita di gas caldo dalle zone a maggiore profondità, uno spostamento verso le regioni equatoriali e lo sprofondamento conseguente al raffreddamento.

La rapida rotazione del pianeta frammenta le celle convettive e determina l'alternanza di zone chiare e scure. Possiamo identificare le seguenti strutture principali nell'atmosfera del gigante gassoso:

zone: parti atmosferiche più chiare, quasi bianche, formate da nubi a quote alte, composte principalmente da cristalli di ammoniaca e da gas caldo in risalita;

bande: sono le parti più scure, formate da nubi dense, poste a quote più basse e composte da gas freddo che discende verso l'interno.

Ci sono poi piccole aree circolari perturbate che spesso assumono una colorazione biancastra (e per questo sono dette WOS = *White Oval Spot*, "ovali chiari"); raramente possono diventare di taglia terrestre, o maggiore, e assumere colorazioni tendenti al rosso mattone: esempi tipici sono la Grande Macchia Rossa (GMR), grande due volte la Terra e, di costituzione recente, la cosiddetta Macchia Rossa Junior.

Sebbene la struttura macroscopica delle bande e delle zone sia quasi sempre la stessa, la loro forma e i dettagli cambiano rapidamente, anche nel corso di qualche giorno. Spesso l'aspetto del pianeta può cambiare radicalmente da un anno all'altro: le bande possono assottigliarsi o espandersi; numerosi WOS si creano, si scontrano e a volte due si fondono in uno; la GMR cambia forma e colorazione. Proprio nell'opposizione del 2010 Giove si è mostrato con un aspetto davvero insolito: la banda equatoriale sud è completamente sparita, o meglio, è risultata nascosta da uno strato di nubi bianche a quote maggiori, in un evento che tende a ripetersi ciclicamente a intervalli di circa quindici anni. Lo studio dei cambiamenti climatici di Giove, che mettono in campo energie migliaia di volte superiori a quelle terrestri, può essere la chiave per comprendere meglio il nostro pianeta: raccogliere questi preziosissimi dati è un'opportunità che si offre agli astrofili e alla tecnica digitale, che consente di raggiungere risoluzioni eccezionali che nulla hanno da invidiare a quelle dei grandi telescopi professionali.

Le piccole macchie che solcano le zone tropicali e temperate del pianeta sono le più attive e dinamiche, ma tutti i dettagli a piccola scala si modificano nel corso di poche ore o giorni. Per quante volte lo osserviate, Giove non vi appare mai uguale. I cambiamenti più evidenti, su scala globale, si verificano nel corso di mesi o anni e spesso modificano profondamente l'aspetto del pianeta e di tutti i dettagli che si possono osservare.

1.7.2. Giove e la Grande Macchia Rossa, un ciclone grande due volte e mezzo la Terra che imperversa da almeno quattro secoli. Nell'emisfero settentrionale sono evidenti alcuni WOS e i "festoni" (irregolarità ai confini tra le bande). Queste immagini rappresentano quanto di meglio si può ottenere con un telescopio di 25 cm e una *webcam*. Per avere contrasti e risoluzione migliori occorre usare camere planetarie specifiche.

1.7.3-4. Lo stesso emisfero di Giove come appariva nel 2005 (a sinistra) e nel 2007 (a destra). Sono evidenti i cambiamenti, anche piuttosto sostanziali, nei dettagli atmosferici, incluse le bande equatoriali.

La grande attività e complessità del sistema gioviano richiedono l'applicazione di filtri e di tecniche in grado di svelare i numerosi segreti che esso nasconde, analogamente a quanto succede per Venere. Tra qualche riga scopriremo infatti che il classico *imaging* del disco planetario non è che una delle tante tecniche in grado di svelare i molteplici aspetti di questo pianeta.

I quattro satelliti galileiani sono facilmente preda di ogni strumento. Particolarmente suggestivo è il transito di uno (o più) di essi davanti al disco del pianeta. Il transito di un satellite proietta sull'atmosfera gioviana un'ombra molto scura e facile da riprendere anche con strumenti modesti. A distanza di qualche anno si verificano quelli che sono chiamati fenomeni mutui: la favorevole inclinazione dell'asse rispetto alla Terra fa sì che si producano transiti multipli, occultazioni o eclissi tra gli stessi satelliti.

Anche in situazioni normali, comunque, lo spettacolo è davvero bello. Molto interessante è seguire il loro rapido spostamento nel corso della notte, così come fece Galileo quattro secoli fa con il suo modesto cannocchiale. I moti sono veloci e nel giro di poche ore le posizioni reciproche possono cambiare radicalmente, insieme ai dettagli atmosferici.

1.7.5. Giove, tre satelliti galileiani e Amalthea, il quinto satellite, di magnitudine 14,3 distante, alla massima elongazione, solo 55" dal centro del gigante. Questa ripresa *webcam* è composta da due immagini: una correttamente esposta per i satelliti e l'altra per il globo di Giove, che altrimenti sarebbe risultato sovraesposto. Amalthea è un corpo irregolare del diametro di circa 500 km. Il pianeta gigante ha un'altra sessantina di satelliti, troppo piccoli e deboli per poter essere ripresi con le *webcam*.

La ripresa del moto dei satelliti è facilissima e non richiede condizioni atmosferiche particolarmente favorevoli, poiché si può operare a risoluzioni ridotte. È un ottimo diversivo per tutte le serate (purtroppo molte) affette da cattivo *seeing*, che impedisce riprese di dettagli fini.

Alla portata degli strumenti amatoriali v'è almeno un altro satellite, Amalthea, di magnitudine 14,3, alla distanza angolare massima di 55" dal centro del pianeta. Nonostante questi dati non proprio incoraggianti, esso può essere facilmente osservato con una *webcam* applicata a un telescopio di 20 cm: solo fino a una decina d'anni fa era considerato un oggetto da lasciare ai telescopi professionali, fotografabile solo con particolari accorgimenti. E allora ecco una bella sfida: quanti satelliti di Giove riuscite a riprendere con la vostra strumentazione?

Su Giove si rivela molto interessante l'utilizzo di filtri. Maggiore è la lunghezza d'onda a cui si lavora, maggiore è la profondità degli strati atmosferici visibili (come per Venere). Particolarmente significativo è l'aspetto dell'atmosfera in infrarosso. Complice l'assorbimento da parte del metano, il pianeta si presenta con contrasti e dettagli completamente stravolti: le bande e le zone, soprattutto quelle

1.7.6. Giove ripreso con diversi filtri cambia notevolmente di aspetto; un filtro ultravioletto (in alto a sinistra) permette di evidenziare particolari nell'alta atmosfera, mentre un filtro infrarosso (in basso al centro) penetra più in profondità. Nel visibile si ha una visione a metà strada tra UV e IR (in alto a destra).

equatoriali, sembrano confondersi, i festoni diventano evidenti e la GMR è luminosissima, ma priva di dettagli interni.

L'avvento recente di filtri a banda stretta centrati sull'assorbimento del metano, a 889 nm, enfatizzano vistosamente l'aspetto appena descritto, restituendo un'immagine del pianeta irriconoscibile. Le piccole macchie bianche e i grandi cicloni come la GMR diventano brillanti quanto i satelliti. Il resto del pianeta si fa scuro e la circolazione atmosferica divisa in bande e zone è evidentissima. Nei mesi di sparizione (in ottico) della banda equatoriale sud, nell'opposizione del 2010, a queste lunghezze d'onda la banda si mostra ben visibile, a dimostrazione che la circolazione atmosferica del pianeta non è cambiata. L'osservazione nella banda del metano, infatti, è sensibile alla profondità. Le zone a maggiore altezza appaiono brillanti perché il metano atmosferico assorbe poco. Mano a mano che la quota atmosferica cala, i dettagli appaiono scuri perché si incontrano strati maggiori di metano.

Una delle sfide più interessanti che gli astrofili possono affrontare nei prossimi anni è quella di tentare la ripresa del debolissimo sistema di anelli che circonda il pianeta. Nessun osservatore amatoriale finora è riuscito in questa impresa (qualcuno ha mai provato?). Osservatori professionali hanno mostrato che l'uso di un filtro centrato sull'assorbimento del metano riesce a rendere il globo del pianeta scuro a sufficienza affinché la sua enorme luminosità non offuschi il sistema di anelli, centinaia di volte più debole. In effetti, la difficoltà nel riprendere gli anelli di Giove è solamente in parte da ricercare nella debolezza intrinseca del sistema, splendente di una magnitudine superficiale superiore alla 16; il vero ostacolo è la presenza del pianeta, la cui luminosità superficiale è di circa 5 magnitudini ogni secondo d'arco quadrato, e il cui centro dista solamente 50" dall'anello più brillante. L'uso del filtro al metano mantiene invariata la luminosità degli anelli e abbassa di decine di volte quella del pianeta. Se si dispone di una montatura precisa, una serie di lunghe esposizioni di 5-10m al massimo, con un campionamento pari a circa 1"/*pixel* (quindi simile a quello usato nelle riprese del profondo cielo) mostrerà, seppure molto debole, il sistema di anelli. In definitiva, basta effettuare una lunga esposizione sul gigante gassoso con il filtro al metano, con una tecnica del tutto simile a quella usata per riprendere ammassi stellari e galassie (si veda più avanti), per riuscire a catturare il sistema di anelli. Chi sarà il primo astrofilo a compiere quest'impresa?

Negli ultimi anni si è scoperto un altro aspetto sconosciuto del pianeta: la frequenza con cui subisce impatti di oggetti provenienti dallo spazio interplanetario. Fino all'estate 2009 l'unico corpo celeste osservato precipitare nell'atmosfera del pianeta gigante fu la cometa Shoemaker-Levy 9, i cui frammenti caddero nel 1994. L'evento, il primo nella storia, fu imponente e catastrofico. Nell'arco di dodici mesi, tra il 2009 e il 2010, sono stati osservati altri tre impatti di corpi celesti con Giove, rivoluzionando completamente le stime sulla frequenza di questi

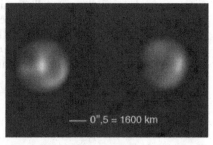

1.7.7. Ganimede è il satellite più grande del Sistema Solare (diametro apparente di 1",65) e presenta dettagli superficiali evidenti anche già con strumenti di 15 cm.

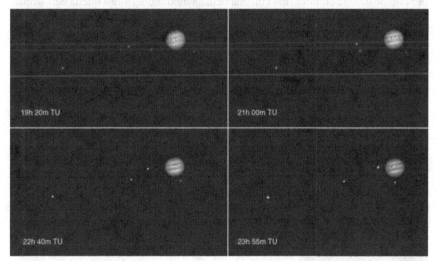

1.7.8. Moto dei satelliti galileiani rispetto a Giove nel corso di quasi cinque ore (15 maggio 2006); osservazioni in infrarosso. I satelliti nella prima immagine sono rispettivamente, da sinistra a destra: Ganimede, Io, Europa e Callisto. Questo tipo di immagini è alla portata già di un telescopio di soli 60 mm.

eventi. I tre nuovi impatti sono stati osservati in diretta dagli astrofili, che hanno avuto la fortuna di osservare il *flash* prodotto dal corpo celeste all'entrata nell'atmosfera di Giove. Alcuni astronomi hanno lanciato campagne osservative con l'obiettivo di rilevare altri impatti, che a questo punto si pensa possano essere molto frequenti. Questa è una delle tante attività di ricerca che gli astrofili possono portare avanti con la propria strumentazione.

Con una tecnica appropriata e una notevole stabilità atmosferica si possono tentare riprese in altissima risoluzione dei dischi dei satelliti galileiani, in particolare di Ganimede, che ha il diametro angolare maggiore (1",65) e presenta zone superficiali ad alto contrasto, quindi relativamente facili da catturare. È curioso notare come sia più facile riprendere dettagli nel disco di Ganimede che certi piccoli ovali di basso contrasto nell'atmosfera del pianeta gigante.

Se non si dovesse disporre della tecnica e/o della risoluzione sufficiente per riprendere i dischi ed eventuali dettagli dei satelliti, sarà molto bello e istruttivo seguire il loro movimento nel corso della nottata. Le moderne tecniche digitali permettono anche di comporre filmati *time-lapse* che mostrano l'evoluzione di un fenomeno lento in una sequenza di pochi secondi, accelerando il normale scorrere del tempo.

1.8 Saturno

Saturno, il pianeta con gli anelli, è sicuramente il corpo celeste più affascinante del Sistema Solare per via della forma davvero unica. Si tratta dell'ultimo pianeta del Sole che si renda ben visibile a occhio nudo ed è conosciuto fin dall'antichità, brillando come una stella di magnitudine intorno alla 0,5. Più piccolo di Giove, simile per composizione chimica, ma con una densità media inferiore a quella dell'acqua, attira l'attenzione di tutti gli osservatori sul magnifico sistema di anelli, composto da particelle di polvere e di ghiaccio d'acqua.

Molto si è discusso in merito alla loro formazione. La teoria più accreditata prende in considerazione il passaggio troppo ravvicinato di un satellite, disintegrato dalla fortissima forza mareale; i detriti avrebbero costituito gli anelli che possiamo osservare, la cui massa è paragonabile a quella di Mimas, uno dei numerosi satelliti del pianeta.

Il sistema di anelli è molto complesso e presenta *divisioni* più o meno marcate, sottili zone scure svuotate di particelle dalla combinazione tra l'attrazione gravitazionale di Saturno e quella di piccoli corpi, detti satelliti-pastore.

Con un telescopio amatoriale e una normale *webcam* (o un buon oculare e un certo allenamento all'osservazione planetaria) sono visibili almeno cinque anelli, contraddistinti da luminosità differenti e spesso separati da divisioni. La più netta è la Divisione di Cassini, ampia circa 4000 km, che separa l'anello A (quello più esterno) dall'anello B (interno). È visibile anche con un piccolo strumento di soli 60 mm.

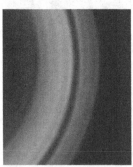

1.8.1. Divisioni negli anelli di Saturno accessibili a una *webcam* e a un telescopio di 25 cm. In realtà, gli anelli sono migliaia.
Telescopio Schmidt-Cassegrain di 23 cm.

L'orbita di Saturno è molto larga e quasi circolare, con un semiasse maggiore di 9,54 UA, cioè circa 1 miliardo e 400 milioni di km. Il suo periodo di rivoluzione è di poco inferiore ai trent'anni (29,46), mentre il periodo di rotazione, come quello di tutti i pianeti giganti, è molto breve, 10,6 ore, tanto da schiacciare il globo ai poli a causa degli effetti centrifughi all'equatore.

Posto a una distanza quasi doppia rispetto a Giove (che sta a 5,20 UA), Saturno riceve quattro volte meno energia da parte del Sole. L'energia solare è il motore dell'attività atmosferica di ogni corpo celeste: per questo motivo l'atmosfera di Saturno, benché simile a quella di Giove, è molto più calma.

Uno strumento di 25 cm mostra numerose divisioni negli anelli, alcune molto sottili, come quella di Encke, all'interno dell'anello A, larga solamente 325 km, che per l'osservatore terrestre sottende mediamente un angolo di soli 0",05. Anche la Divisione di Cassini, benché apparentemente molto larga, in condizioni ottimali sottende un angolo di 0",65, eppure è alla portata di un telescopio di 60 mm, il cui potere risolutivo teorico è di 2". Come è possibile? Non è un controsenso?

Il potere risolutivo si riferisce alla minima distanza alla quale è possibile vedere come distinte due sorgenti angolarmente vicine. La capacità di vedere dettagli è un'altra cosa e non è strettamente dipendente dal potere risolutivo di uno strumento, ma prima di tutto dal contrasto e dalla sua luminosità. Del resto, pensiamo alle stelle: esse sottendono angoli piccolissimi, dell'ordine del millesimo di secondo d'arco (nel migliore dei casi), ben al di sotto del potere risolutivo dell'occhio umano, eppure sono visibili anche a occhio nudo. Merito della loro luminosità e del contrasto con il fondo cielo. Naturalmente, vedere un dettaglio non vuol dire risolverlo: si possono osservare le stelle, ma non è

1.8.2. Saturno, il 23 marzo 2005, mostra il suo sistema di anelli molto aperto e ricco di dettagli. Un'immagine con questi contrasti è quasi *off-limits* per le *webcam*, mentre è quasi la norma per camere planetarie, soprattutto se con dinamica superiore a 8 bit come le Lumenera e le Point Grey. Telescopio Schmidt-Cassegrain da 23 cm e *webcam* Vesta Pro.

possibile risolvere il loro disco, ossia cogliere particolari nella loro fotosfera. Lo stesso accade per i dettagli planetari e, nel caso specifico, per le divisioni degli anelli di Saturno: quando il contrasto è elevato, lo strumento rivela la presenza del dettaglio, anche se non è in grado di precisarne la forma e l'estensione, poiché ciò è impedito dalla diffrazione della luce. Non deve dunque stupire la presenza di dettagli molto più piccoli delle possibilità strumentali.

Ancora più all'interno dell'anello B si trova l'anello C, molto sottile e debole, ma facile da riprendere con qualsiasi strumento; il materiale di cui è composto è così rarefatto da farlo apparire quasi del tutto trasparente. In realtà, l'intero sistema degli anelli ha una certa trasparenza, poiché non si tratta di un corpo solido, ma di una vasta distesa di minuscole particelle, oltretutto con uno spessore medio di soli 250 m. In effetti, nelle parti in cui gli anelli si sovrappongono al globo del pianeta si ha la netta impressione, confermata anche dalle riprese, di intravedere il disco planetario attraverso di essi.

Nel globo possiamo osservare bande simili, ma molto più tenui, a quelle di Giove. La temperatura media degli strati atmosferici superiori è di –130 °C. Non di rado possono apparire piccole macchie bianche, chiamate WOS come quelle gioviane.

Il sistema di anelli avvolge completamente il pianeta, occupando un diametro di circa 275mila km. Nei giorni a cavallo dell'opposizione la loro brillanza aumenta in modo deciso: ciò è probabilmente dovuto alla natura del materiale che li compone, che ha una direzione di riflessione preferenziale. Lontano dall'opposizione sono visibili altri fenomeni, come l'ombra del pianeta sugli anelli, oppure l'ombra degli anelli sul globo.

L'Universo in 25 cm

1.8.3. Saturno il 29 marzo 2008. Gli anelli sono visti quasi di taglio e proiettano un'ombra netta sulla regione equatoriale del globo, il quale, a sua volta, getta un'ombra che oscura una piccola porzione degli anelli.

Saturno è un pianeta che si può seguire un po' sempre, dato che il diametro apparente è praticamente costante, compreso tra 18" e 20". Il diametro degli anelli è mediamente di 45".

L'aspetto di Saturno e del sistema di anelli cambia nel corso del tempo. L'inclinazione sotto la quale viene visto il piano equatoriale del pianeta varia con un periodo di trent'anni (il periodo di rivoluzione intorno al Sole): gli anelli vengono visti sotto diverse orientazioni, fino a quasi scomparire quando si presentano esattamente di taglio. Ciò è dovuto all'inclinazione dell'asse di rotazione del pianeta rispetto al piano della sua orbita, proprio come avviene per la Terra e Marte; l'inclinazione provoca anche l'alternanza delle stagioni, in grado di produrre cambiamenti significativi nell'atmosfera.

Il forte riscaldamento delle zone equatoriali può portare alla comparsa di enormi tempeste, come già accaduto molte volte negli anni passati.

L'emisfero nord, ultimamente rimasto nell'ombra degli anelli, si è reso visibile nel corso degli ultimi anni, rivelando un colore diverso dal resto del pianeta, tendente all'azzurro, sintomo che un decennio di ridotta insolazione ha modificato la dinamica e la temperatura di quella zona atmosferica.

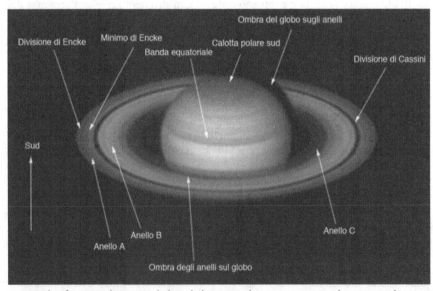

1.8.4. Identificazione dei principali dettagli di Saturno che si possono riprendere con un telescopio amatoriale di diametro non superiore ai 25 cm.

1.8.5. Aspetto di Saturno visto attraverso filtri diversi. Da sinistra a destra: filtro IR (1 µm), visibile (550 nm) e ultravioletto (350 nm). Camera CCD ST-7XME.

Possiamo suddividere il globo in bande e zone, proprio come per Giove: il loro contrasto è però nettamente minore.

Per mettere meglio in evidenza le strutture atmosferiche si possono costruire mappe dell'intero pianeta (vedi 3.3). Poiché Saturno ci mostra solo un emisfero per volta (se escludiamo i brevi periodi nei quali l'asse è perpendicolare alla linea visuale), è utile costruire proiezioni polari che evidenziano l'atmosfera ed eventualmente anche il sistema di anelli come se fossero visti da uno dei poli. Queste proiezioni sono scientificamente utili e assolutamente spettacolari.

Come apparirebbero Saturno e gli anelli se visti esattamente dall'alto? Con le moderne tecnologie non è difficile ricostruire questa visione. Come vedremo nel paragrafo dedicato alla cartografia planetaria, si tratta di far modellare le immagini da un *software* particolare, in modo del tutto simile a quello per la costruzione delle mappe della superficie terrestre.

Saturno possiede numerosi satelliti, molti dei quali di piccole dimensioni. Il maggiore, Titano, è il secondo più grande del Sistema Solare, orbitante a circa 1,5 milioni di chilometri dal pianeta, di gran lunga il più interessante dell'intero Sistema Solare. Il satellite è avvolto da una spessa atmosfera, una volta e mezza più densa di quella terrestre, completamente opaca alle lunghezze d'onda visibili, composta principalmente da azoto, argon e metano.

Il metano è presente in quantità anche in superficie, dove forma dei veri e propri laghi. Nonostante la temperatura di soli 94 K (−179 °C), Titano ricorda da vicino l'ambiente terrestre antecedente lo sviluppo della vita e non è escluso che i mattoni della vita possano esservi presenti. Nella sua atmosfera vi sono imponenti sistemi nuvolosi, costituiti principalmente da metano che sembra svolgere la stessa funzione del vapore acqueo sulla Terra creando un ciclo simile a quello terrestre (evaporazione, nuvole, precipitazioni, bacini).

Le riprese a elevata risoluzione con telescopi di 25 cm permettono di risolvere, sebbene a fatica, il suo disco, il cui diametro raggiunge all'opposizione il valore di 0",90. Naturalmente non sono visibili dettagli, sia per le esigue dimensioni, sia per l'opacità dell'atmosfera che nasconde completamente la superficie. Solo recentemente, grazie alla sonda Cassini e al modulo europeo Huygens, si è potuto indagare la natura di questo piccolo mondo.

Su Saturno l'uso di filtri risulta difficoltoso poiché la luminosità del pianeta non è elevata, il che costringe ad aumentare i tempi di esposizione. Anche in questo caso, maggiore è la lunghezza d'onda della banda passante del filtro utilizzato, maggiore è la profondità dello strato atmosferico osservabile. L'aspetto nelle diverse bande non è così diverso come nel caso di Giove o Marte. Mentre la luminosità degli anelli resta costante, i dettagli atmosferici vengono accentuati in maniera diversa.

Nel rosso si enfatizza la zona equatoriale del globo, a scapito di quelle polari che appaiono meno luminose e con contrasto minore. Nel blu si ha esattamente l'effetto l'opposto: le zone polari acquistano luminosità e contrasto a scapito di quelle equatoriali. Filtri infrarossi rendono il globo più scuro degli anelli a causa dell'assorbimento da parte del metano, soprattutto nelle zone polari. Filtri violetti-ultravioletti tendono a far scomparire bande e zone e allo stesso tempo aumentano la luminosità degli anelli.

1.9 Urano

Anche il sesto pianeta del Sistema Solare è un gigante gassoso. È molto difficile da osservare. Alla distanza di 3 miliardi di chilometri dalla Terra, appare come una debole stella visibile a stento a occhio nudo sotto un cielo molto buio (mag. visuale 5,7). Il diametro apparente è di 3",6.

Nonostante le ridotte dimensioni apparenti, una volta puntato con un telescopio è facile notare l'estensione del dischetto, che denuncia la sua natura planetaria, benché non sia banale da trovare in mezzo a molte deboli stelle.

La sua atmosfera è molto diversa da quelle dei due pianeti gassosi finora incontrati, così come la composizione chimica, la densità e le dimensioni, che sono solamente quattro volte maggiori rispetto alla Terra.

A queste distanze dal Sole, la radiazione che giunge sul pianeta, responsabile della dinamica atmosferica, è molto ridotta: non è un caso se Urano spesso appare di un uniforme colore azzurro-verde, privo di eventi atmosferici di rilievo.

La sua peculiarità è l'inclinazione dell'asse di rotazione, rispetto al piano dell'orbita, di ben 98°; in pratica, il pianeta "rotola" sul piano orbitale e per tutta una fase sono i poli le regioni maggiormente esposte alla luce solare.

La temperatura media degli strati atmosferici del pianeta è estremamente bassa, tanto che non supera mai i 58 K, ovvero –215 °C.

Un telescopio amatoriale, se correttamente utilizzato, permette di evidenziare il disco del pianeta, il suo colore verdognolo e lo schiacciamento ai poli dovuto alla rapida rotazione su se stesso.

1.9.1. Tipica immagine nel visibile di Urano ottenibile con una *webcam* o una camera planetaria con dinamica di 8 bit. Il pianeta si mostra privo di dettagli e con il disco leggermente ovale, come tutti gli altri pianeti gassosi. Apparirebbe diverso se si usassero le moderne camere planetarie in grado di registrare video con una dinamica di 12 bit.

In anni di osservazioni, si è fatta strada fra gli astrofili l'idea che Urano non mostri dettagli atmosferici. La convinzione è così forte che mi è capitato di vedere immagini amatoriali nelle quali la presenza di un dettaglio è stata cancellata con un procedimento elaborativo *ad hoc* dall'autore, convinto del fatto che il pianeta non deve mostrare alcunché. Nella scienza, come nella vita, bisogna sempre mettere alla prova le proprie convinzioni, che talvolta si mutano in pregiudizio. Se in molte immagini, spesso ottenute con *webcam* modeste, con tecniche non appropriate e con il pianeta molto basso sull'orizzonte (come succedeva negli anni passati per gli osservatori dell'emisfero nord), il disco si è mostrato sempre uniformemente azzurro e privo di qualsiasi struttura, questo non significa che lo sarà per sempre e che, peggio ancora, bisogna pilotare più o meno inconsciamente i risultati affinché soddisfino le nostre aspettative.

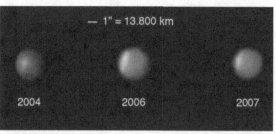

1.9.2. Immagini di Urano in infrarosso, alla lunghezza d'onda di 1 µm, eseguite con una camera CCD a 16 bit. Il sud del pianeta è a sinistra e corrisponde al dettaglio brillante presente nelle tre immagini. Nel corso degli anni è evidente la diversa inclinazione dell'asse del pianeta rispetto alla Terra (decrescente da sinistra a destra).

Grazie a immagini professionali e a quelle di qualche coraggioso astrofilo, negli ultimi anni si è in effetti capito che il pianeta può mostrare dettagli atmosferici, soprattutto nei pressi del polo sud e alle lunghezze d'onda rosse-infrarosse. In questi anni, le regioni polari meridionali hanno una maggiore luminosità e sono contornate da un collare più scuro. L'aspetto è simile a quello di una classica calotta polare ghiacciata, dai bordi ben definiti. Naturalmente non si tratta di questo, visto che Urano è un pianeta gassoso; le osservazioni comunque smentiscono la convinzione che il pianeta appaia sempre uniforme.

Purtroppo Urano è avaro di luce e occorrono sensori molto sensibili per una proficua ripresa, come le camere CCD appositamente progettate per l'astronomia o le moderne camere planetarie. Nel corso del 2010, diversi osservatori amatoriali hanno finalmente cominciato a produrre con una certa sistematicità immagini che sono confrontabili e perfettamente sovrapponibili: esse mostrano dettagli reali, segno che anche questa vecchia e radicata convinzione si sta ormai sgretolando.

Se disponete di una montatura molto solida e trovate una serata con una turbolenza ridotta, un filtro infrarosso da 1 µm permette di evidenziare bene la calotta polare sud e altri evanescenti dettagli. Purtroppo, in questi anni l'inclinazione dell'asse rispetto alla Terra si è ridotta notevolmente: il polo sud nel 2010 è completamente invisibile e lo sarà per i prossimi 42 anni, anche se il collare luminoso sarà presumibilmente osservabile per altri 2 o 3 anni. In compenso, dall'altra parte del globo sta facendo capolino la calotta polare nord, dopo un inverno durato oltre quattro decenni; essa praticamente non è mai stata osservata con nessuno strumento moderno ed è sicuramente da tenere sotto controllo.

Alle lunghezze infrarosse di 1 µm, la calotta polare appare più brillante del globo e, come per Saturno, si può mettere bene in evidenza la diversa inclinazione nel corso degli anni.

Camere planetarie con una dinamica (scala di grigi) superiore ai classici 8 bit (256 livelli di luminosità) hanno maggiori possibilità di riprendere qualche debole dettaglio anche nella banda visuale. Il minor contrasto presente a queste lunghezze d'onda è bilanciato dall'aumento di luminosità dovuto a una banda passante più larga, centrata nella zona di massima sensibilità del sensore rispetto alle riprese in infrarosso.

In ogni caso, poiché si tratta di riprese al limite della nostra strumentazione, si deve porre estrema attenzione alla presenza sempre incombente di artefatti dovuti all'atmosfera, al sensore di ripresa o a un'elaborazione troppo forzata. Un trucco per evitare quello che si chiama *overprocessing*, ovvero l'applicazione eccessiva di filtri di contrasto, consiste nell'usare una tecnica elaborativa simile a quella che si applica a corpi celesti somiglianti fisicamente e chimicamente. Nel caso specifico di Urano, un'elaborazione simile a quella che si applica per Giove dovrebbe essere adeguata. Se i dettagli non compaiono, è inutile applicare processi elaborativi completamente diversi rispetto allo standard cui siete abituati: questo farà solamente aumentare il rischio di artefatti da elaborazione.

Come Giove e Saturno, anche Urano possiede un sistema di anelli, più esteso e luminoso di quello di Giove, ma molto difficile da riprendere anche con i telescopi maggiori; la magnitudine superficiale è oltre la 18. Sebbene questo sia un valore ancora accettabile per la strumentazione amatoriale, si rivela proibitivo per le condizioni di ripresa, anche per le camere CCD più sensibili.

Inoltre, durante le opposizioni la distanza massima delle anse degli anelli è di circa 7 secondi d'arco dal centro del pianeta che li cancella con la sua luminosità, migliaia di volte maggiore. Solamente con filtri infrarossi con banda passante oltre 1 μm si può ridurre notevolmente la luminosità del disco planetario e riuscire a scorgere il sistema di anelli; sfortunatamente nessun sensore basato sul silicio, come i CCD commerciali, è sensibile al di là di 1-1,1 μm, rendendo di fatto impossibile ogni tentativo a lunghezze d'onda maggiori.

Molto interessante è il sistema di satelliti, alcuni dei quali possono essere ripresi anche con piccoli strumenti. Il pianeta ne possiede 27, ma solamente quattro o cinque sono alla portata di telescopi amatoriali, con magnitudini comprese tra la 14 e la 17. Per rilevarli non è sufficiente una *webcam*, troppo poco sensibile per questo scopo.

Le quattro lune principali (Ariel, Umbriel, Oberon e Titania) orbitano a distanze sufficientemente grandi dal pianeta per essere catturate con facilità. Un quinto satellite, Miranda, è molto difficile da riprendere poiché brilla di magnitudine 16,7 e non si discosta dal centro del pianeta per più di 10". Qualche astrofilo è riuscito nell'impresa di immortalarlo; a questo scopo serviranno una notevole stabilità atmosferica e una montatura che consenta di effettuare esposizioni lunghe qualche decina di secondi senza produrre il fastidioso e nocivo mosso.

Oltre alle camere CCD progettate esplicitamente per usi astronomici, sono molto utili le moderne camere planetarie, le quali hanno una buona sensibilità e permettono di raggiungere tranquillamente magnitudini elevate, come quelle di Miranda, con tempi di esposizione brevi e la somma di molte immagini. Un'altra sfida: chi riuscirà a catturare questo elusivo satellite con uno strumento dal diametro massimo di 25 cm?

1.10 Nettuno

L'ottavo e ultimo pianeta del Sistema Solare (dopo il declassamento di Plutone a pianeta nano) è ancora un gigante gassoso, leggermente più piccolo di Urano, con un diametro 3,81 volte maggiore di quello della Terra e una massa 17 volte superiore. Alla distanza dal Sole di 30 UA, cioè 4,5 miliardi di chilometri, Nettuno impiega ben 165 anni terrestri per compiere un giro intorno al Sole, mentre il periodo di rotazione, come per tutti i pianeti gassosi, è relativamente breve, di 19,2 ore (all'equatore). La temperatura si aggira intorno ai 38 K, quindi –235 °C; la composizione chimica ricorda molto quella di Urano, con idrogeno, elio, tracce di ammoniaca e metano, che gli conferiscono un colore azzurro-verde.

La sua atmosfera è stranamente più attiva di quella di Urano; ricorda quella di Saturno, con la comparsa non rara di macchie scure e chiare, e di nubi, simili a cirri terrestri, ma molto diverse per composizione chimica (idrocarburi pesanti in questo caso).

La struttura interna si pensa sia costituita da un nucleo centrale roccioso, da un mantello superiore di ghiacci fluidi (acqua, ammoniaca e metano) e un guscio superiore di idrogeno ed elio che sfuma lentamente nell'atmosfera.

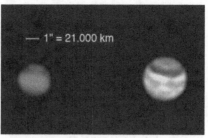

1.10.1. Tentativo di ripresa in alta risoluzione di Nettuno (a sinistra) e confronto con un'immagine simulata (a destra, NASA Solar System Simulator). È molto difficile dire se i dettagli fotografati sono reali, oppure no, anche perché la ripresa è stata effettuata con una *webcam* (Toucam Pro II) meno sensibile e più "rumorosa" delle camere planetarie progettate per l'alta risoluzione.

Non è difficile riconoscere il pianeta al telescopio, poiché brilla come una stella di magnitudine 8, quindi alla portata anche di un binocolo, sebbene rintracciarlo non sia facilissimo. I possessori di montature GOTO non faranno alcuna fatica, mentre chi non possiede il puntamento automatico dovrà armarsi di una carta del cielo aggiornata alla serata in cui sta effettuando l'osservazione e di molta pazienza.

L'osservazione visuale non pone alcun tipo di problema: il disco, del diametro di 2",4, e la tonalità azzurra sono relativamente facili da notare.

La cattura di immagini con le *webcam* è, invece, di una difficoltà estrema a causa della scarsa luminosità.

Molto più performanti si rivelano le camere planetarie astronomiche, che comunque hanno bisogno di pose dell'ordine del mezzo secondo, decisamente troppo per il *seeing* medio italiano. Un filtro infrarosso può aiutare a mettere in risalto eventuali strutture dell'atmosfera, ma Nettuno resta un soggetto molto difficile in alta risoluzione, privo, o quasi com'è di dettagli accessibili a strumenti amatoriali.

Molto più facile è la ripresa in bassa risoluzione del suo satellite maggiore, Tritone, di magnitudine 13,5. Per chi utilizza camere CCD, anche il secondo satellite, Nereide, è relativamente facile da catturare (magnitudine 18,7, distante oltre 5').

Nettuno, come gli altri pianeti gassosi, possiede altri satelliti (attualmente ne sono noti 13) e un sistema di anelli, il più debole di tutti. Non a caso essi furono scoperti solo quando nel 1989 la sonda Voyager 2 giunse a 4950 km dal polo nord del pianeta.

Con strumentazione di buona qualità e condizioni di cielo perfette si può riprendere il disco, le cui dimensioni sono entro la portata di qualunque telescopio, e forse qualche macro dettaglio dell'atmosfera.

La presenza di eventuali dettagli deve essere sottoposta a un rigido procedimento di controllo, per evitare gli artefatti dovuti alle condizioni estreme nelle quali avviene la ripresa. Un buon metodo, applicato da ogni astronomo, consiste nel produrre una serie di immagini cambiando orientazione della camera, esposizione, focale ed eventualmente anche i filtri, analizzando successivamente i risultati: se i dettagli sono reali devono essere presenti in ogni immagine, altrimenti si tratta, inevitabilmente, di artefatti.

In questi anni il pianeta si presenta anche piuttosto basso sull'orizzonte per gli osservatori dell'emisfero settentrionale, una difficoltà in più nel cogliere eventuali tenui dettagli. L'aspetto del pianeta è stato studiato in dettaglio solo raramente, da parte della sonda Voyager 2 e di qualche telescopio professionale, tra cui l'Hubble Space Telescope. La presenza di una banda scura nei pressi della calotta polare sud sembra essere una caratteristica stabile nell'atmosfera del pianeta gassoso, messa in luce nel corso degli anni. Altre bande minori e fenomeni transienti come nubi bianche sottili sono generalmente al di fuori della portata della strumentazione amatoriale, più che altro per la scarsa luminosità del pianeta e il basso contrasto. L'uso di filtri rossi potrebbe dare vantaggi in termini di contrasti, ma fa diminuire in modo inaccettabile la già scarsa luce proveniente da questo remoto mondo. Sicuramente, una delle sfide dei prossimi anni, grazie anche all'avvento di camere sempre più sensibili, sarà quella di catturare in modo continuativo e oltre ogni ragionevole dubbio i tenui dettagli atmosferici, consentendo un monitoraggio proficuo e sicuramente ricco di sorprese.

1.11 Plutone

Un tempo nono e ultimo pianeta del Sistema Solare, Plutone è stato declassato a pianeta nano nel 2006 dall'Unione Astronomica Internazionale (IAU) a causa delle sue caratteristiche fisiche e orbitali.

Plutone è stato scoperto il 18 febbraio 1930 dall'astronomo Clyde Tombaugh, a seguito di previsioni (poi rivelatesi errate e inefficaci) eseguite analizzando il moto apparentemente perturbato di Nettuno.

La distanza media dal Sole è di 39,5 UA, cioè quasi 6 miliardi di chilometri.

In realtà, a causa della sua elevata eccentricità (0,24, più simile a quella delle comete che a quella dei pianeti) la distanza dal Sole varia molto tra il perielio (minima distanza dal Sole) e l'afelio (massima distanza dal Sole), passando dai 4,4 ai 7,4 miliardi di chilometri, con un'inclinazione sul piano dell'eclittica di ben 17° (anche questo valore lo avvicina alle comete e a qualche asteroide). Durante il periodo di minima distanza dal Sole, la sua orbita attraversa quella di Nettuno, portandolo per qualche decina di anni più vicino a noi dell'ottavo pianeta; nonostante ciò, non è possibile che i due corpi celesti entrino in collisione perché esiste un rapporto semplice e costante tra il periodo di rivoluzione di Nettuno e quello di Plutone (risonanza) che evita qualsiasi futuro impatto.

Durante il suo tragitto orbitale, percorso in ben 248 anni, quando è al perielio riceve una quantità di radiazione solare quasi tre volte superiore che all'afelio, il che è responsabile dell'evaporazione dei ghiacci superficiali (Plutone è per almeno il 30% composto da ghiacci) e della conseguente rarefatta atmosfera, simile alla chioma di una gigantesca cometa. Quando Plutone si allontana dal Sole, l'atmosfera condensa e precipita al suolo.

Plutone, così diverso dai pianeti gassosi e da quelli rocciosi, è il capostipite di una famiglia di corpi celesti di dimensioni relativamente ridotte (minori di quelle della Luna) composti prevalentemente di ghiaccio (acqua, anidride carbonica, metano, azoto) posti oltre l'orbita di Nettuno, chiamati KBO (Oggetti della Fascia di Kuiper).

La ripresa di Plutone è molto difficile e richiede una tecnica totalmente diversa da quella classica *webcam*. È un corpo celeste troppo lontano e piccolo per essere osservato con facilità come gli altri pianeti: il diametro angolare di 0",1 e la lumi-

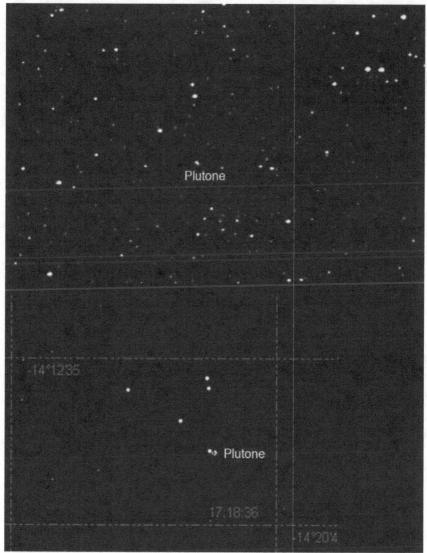

1.11.1. Plutone, qui ripreso con una camera CCD SBIG ST-6 nel luglio 2004, appare come un piccolo punto indistinto in mezzo a tante deboli stelle (una è vicinissima al pianeta, quasi sovrapposta) e occorre una mappa precisa (in basso) per poterlo puntare e identificare. La sua magnitudine attuale è intorno alla 14 e, in linea teorica, è possibile riprenderlo anche con una *webcam*.

nosità intorno alla magnitudine 14 ne fanno un bersaglio difficile da osservare visualmente anche con telescopi di 25 cm, e in ogni caso di apparenza assolutamente stellare.

Se si vogliono effettuare riprese non si deve utilizzare una *webcam*, decisamente troppo poco sensibile, ma una camera CCD con possibilità di effettuare pose lunghe.

Anche in queste situazioni, comunque, nonostante la sua luce sia alla portata di qualsiasi strumento, Plutone apparirà sempre come un punto piccolo e indistinto in mezzo a un fitto campo stellare. La difficoltà maggiore sta proprio nell'identificarlo con certezza e allo scopo una carta celeste molto precisa è d'obbligo.

Un lavoro interessante da svolgere potrebbe essere la costruzione di un'animazione che ritragga il suo lento movimento tra le stelle, che in prossimità dell'opposizione raggiunge anche i 90" al giorno (la causa principale è però il moto terrestre, poiché quello proprio del pianeta nano è di soli 7" al giorno). Effettuando riprese distanziate di almeno un giorno si può mettere bene in evidenza il suo moto e identificarlo senza alcun dubbio.

Plutone è accompagnato da tre satelliti, di cui uno è particolarmente grande, soprattutto se rapportato alle proprie dimensioni: si tratta di Caronte, scoperto nel 1978, orbitante ad appena 19.500 km dal centro di Plutone, in rotazione sincrona, del diametro di 1207 km e massa pari ad 1/9 di quella del pianeta nano. In effetti, spesso la coppia Plutone-Caronte è classificata come un pianeta nano doppio, poiché le masse dei due corpi non sono poi così diverse, tanto che il centro di massa del sistema cade fuori dal corpo principale. La composizione chimica è simile tra i due, con una leggera sovrabbondanza di ghiaccio per Caronte. Gli altri due satelliti sono stati scoperti recentemente e si chiamano Nix e Hydra, a distanze rispettivamente di 49.000 e 65.000 km. Si pensa siano piccoli corpi ghiacciati del diametro di qualche decina di chilometri.

Una bella sfida è cercare di separare la coppia Plutone-Caronte, la cui distanza massima di 1" sarebbe teoricamente alla portata di molti strumenti: si deve però tener conto della scarsa luminosità di Caronte (di 1,8 magnitudini più debole di Plutone) e della turbolenza molto accentuata alle basse altezze alle quali si presenta il sistema doppio nel corso di questi anni, per gli osservatori alle medie latitudini settentrionali.

Al momento l'unico astrofilo riuscito nell'impresa è stato Antonello Medugno, con uno Schmidt-Cassegrain di 35 cm. Sono dell'avviso che anche con strumenti di diametro minore o uguale a 25 cm sia possibile riuscirci: basta provarci!

1.12 Comete

Le comete sono gli oggetti del Sistema Solare più appariscenti, sorprendenti ed imprevedibili, quelli che più appassionano le persone all'osservazione del cielo.

Fisicamente, le comete, secondo la definizione del grande astronomo Fred Whipple, sono palle di neve sporca; in effetti sono piccoli corpi celesti composti principalmente da ghiaccio d'acqua, provenienti dalle regioni più esterne del Sistema Solare, spesso da un enorme serbatoio posto ben oltre l'orbita di Plutone, chiamato Nube di Oort.

Il nucleo di una cometa ha dimensioni tipiche di qualche chilometro ed è invisibile fino a quando, raggiunta una certa distanza dal Sole (tipicamente all'altezza dell'orbita di Giove), i composti più volatili cominciano a sublimare, cioè si trasformano da solidi in gas, andando a formare una gigantesca ed estremamente rarefatta atmosfera attorno al nucleo cometario, denominata *chioma*.

Sotto l'influenza del campo magnetico solare e della pressione di radiazione, si formano due distinte code, l'una di ioni e l'altra di polveri. La coda di ioni, come suggerisce il nome, è composta da particelle cariche (atomi o molecole private almeno di un elettrone).

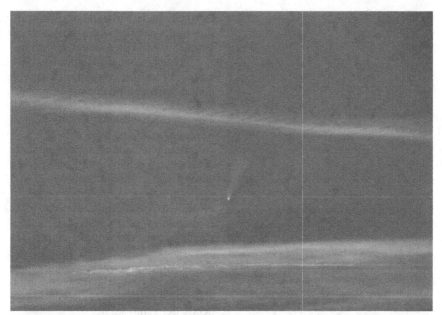

1.12.1. La cometa McNaught, la più luminosa del secolo (fino ad ora), era facilmente visibile anche di giorno come in questa immagine scattata con una normale fotocamera digitale compatta (12 gennaio 2007).

La radiazione ultravioletta proveniente dal Sole riesce a sublimare i composti superficiali, che vanno a formare la chioma. Sempre la radiazione solare riesce a ionizzare parte del gas neutro presente nella chioma. Il componente principale della coda di ioni è il monossido di carbonio ionizzato (CO^+). Le particelle ionizzate sentono la presenza del campo magnetico solare trasportato dal vento solare, e vanno a formare una lunga coda in direzione quasi perfettamente anti-solare. Gli ioni CO^+ diffondono maggiormente la luce blu rispetto a quella rossa: per questo la coda di ioni assume la tipica colorazione azzurra. La coda di polveri è invece composta da particelle solide, generalmente silicati, sui quali agiscono la pressione della radiazione e la forza di gravità solare.

Qualsiasi tipo di radiazione produce, sul corpo colpito, una forza netta nella direzione di propagazione. Sebbene l'intensità della forza sia piuttosto modesta, quando viene esercitata su particelle piccole, e in assenza di altre forze di intensità maggiore, può provocare effetti ben visibili, come la formazione della coda di polveri delle comete. Le particelle sentono anche l'attrazione gravitazionale del Sole e della cometa e vengono deviate su orbite solari. È per questo motivo che la coda di polveri appare spesso incurvata. La sua colorazione è generalmente bianca e l'aspetto è dif-

1.12.2. La cometa Q4 Neat, inseguita nel suo veloce spostamento tra le stelle. Rifrattore acromatico di 8 cm, camera CCD ST-6 e posa complessiva di 38m (16 maggio 2004).

1.12.3. La cometa Hale-Bopp nel 1997 è stata assai spettacolare. Sono ben visibili la coda di ioni (più in basso) e quella di polveri. Ripresa di Danilo Pivato su pellicola e astrografo di 190 mm di diametro. Un risultato simile si può ottenere con una reflex digitale e telescopi di diametro inferiore.

fuso, poiché le particelle di diverse dimensioni e riflettività subiscono in modo diverso la pressione di radiazione.

L'analisi delle immagini amatoriali, eseguite con filtri colorati, permette di determinare con precisione le proporzioni tra la coda di ioni e quella di polveri e di capire la composizione chimica e il comportamento della cometa.

C'è anche una terza componente della coda, invisibile da Terra perché emette radiazione ultravioletta, alla quale la nostra atmosfera è opaca: il cosiddetto inviluppo di idrogeno. L'idrogeno si forma a causa della fotodissociazione del vapore acqueo da parte dei raggi ultravioletti solari. Il gas liberato forma un immenso alone, che si allunga a causa della pressione di radiazione e dell'interazione con le particelle del vento solare.

Le code cometarie possono raggiungere centinaia di milioni di chilometri di lunghezza.

Quando osserviamo una cometa non siamo mai in grado di osservare e risolvere il nucleo, piccolo e nascosto dalla chioma. Mano a mano che essa si avvicina al Sole, aumenta il tasso di evaporazione dei gas e aumentano quindi la luminosità e l'estensione della coda e della chioma.

Poiché si tratta di corpi porosi, sicuramente non coesi come le superfici planetarie o asteroidali, spesso, sotto l'influenza della radiazione solare, avvengono improvvise esplosioni di sacche di gas o di parti del nucleo cometario, che provocano un aumento anche molto brusco della luminosità dell'oggetto, chiamato in inglese *outburst*.

Uno dei più famosi *outburst* è quello avvenuto alla fine dell'ottobre 2007 da parte della cometa Holmes. L'esplosione ha portato la cometa da un'anonima magnitudine 15 alla 2, con un aumento di 13 magnitudini, pari a quasi 1600 volte, nel corso di un solo giorno! Questo comportamento è abbastanza tipico per gli oggetti cometari, sebbene molto raramente si verifichi con questa intensità.

Ogni anno le comete alla portata di strumentazione amatoriale sono almeno una decina, ma spesso sono oggetti deboli e poco spettacolari, molto diversi da ciò

dimensioni del Sole

1.12.4. L'inviluppo di idrogeno della cometa Hale-Bopp, ripreso in ultravioletto dalla sonda SOHO. Si confrontino le sue dimensioni con quelle delle due code cometarie e, in basso a destra, del Sole.

che la nostra mente è abituata ad immaginare. Le grandi comete, quelle ben visibili a occhio nudo, sono piuttosto rare e compaiono in media ogni cinque anni.

Alcune importanti comete degli anni recenti sono state la Hyakutake (1996), la Hale-Bopp (1997), la McNaught (gennaio 2007) e la Holmes (novembre 2007), tutte ben visibili a occhio nudo. La McNaught era così brillante da poter essere osservata in pieno giorno, con una magnitudine stimata per la chioma pari a –4,5.

Ogni cometa ha caratteristiche che la rendono unica e diversa dalle altre. Alcune mostrano intensi getti, altre presentano code lunghissime e incurvate dal vento solare, altre ancora chiome enormi, simili a gigantesche nebulose. L'aspetto di una cometa dipende molto anche dalla posizione rispetto alla Terra; a volte una configurazione particolare rende visibile la coda di polveri in direzione non compatibile con quella suggerita dalla posizione del Sole (anti-coda): questa è solamente un'illusione ottica causata dalla proiezione sulla sfera celeste.

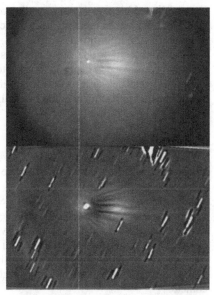

1.12.5. In alto: ripresa in alta risoluzione della cometa Holmes. Telescopio di 23 cm e camera CCD. In basso: un'elaborazione con filtro Larson-Sekanina (8 novembre 2007) per evidenziare i getti provenienti dal falso nucleo centrale e i gusci di gas espulsi nell'*outburst*.

L'estensione angolare della chioma spesso supera abbondantemente quella apparente della Luna Piena (mezzo grado); la coda può raggiungere e superare i 10°. Purtroppo, le comete sono oggetti mediamente più deboli dei pianeti (ad eccezione del falso nucleo), per i quali non possono quindi essere utilizzate le focali elevate tipiche delle classiche riprese planetarie. In effetti, la tecnica di ripresa di questi corpi ricorda molto da vicino quella degli oggetti del profondo cielo, che tratteremo nel capitolo 2.

La tecnica e gli strumenti per la ripresa delle comete si scelgono in base ai risultati che si vogliono ottenere e alle caratteristiche del corpo celeste. Per comete piccole e deboli c'è un'unica strada: la ripresa profonda con camere CCD, lasciando da parte le *webcam* perché poco sensibili. In questi casi è richiesta una notevole stabilità e precisione della montatura equatoriale, che dev'essere in grado di seguire correttamente l'astro per almeno un minuto.

Per le comete grandi e brillanti, la ripresa a largo campo con obiettivi e teleobiettivi permette, con lunghe esposizioni, di evidenziare tutta l'estensione della coda; interessanti anche le riprese telescopiche in alta risoluzione centrate sulla chioma. In queste circostanze si possono utilizzare tempi di posa più brevi, ma sempre molto più lunghi di quelli consentiti dalle camere planetarie che, in questo campo, si rivelano inutili (tranne rarissime eccezioni). Una rivincita se la prendono le vecchie macchine fotografiche a pellicola o le moderne reflex digitali.

Chi non dovesse possedere né la strumentazione (camera CCD) né le conoscenze tecniche necessarie, può semplicemente utilizzare un piccolo teleobbiettivo (a volte un semplice obbiettivo) da porre sulla propria montatura equatoriale (motorizzata) ed effettuare pose della durata massima consentita dalla precisione del moto orario (comunque non inferiori ai 30 s).

Molto interessante è la ricerca di questi oggetti, un campo nel quale gli astrofili possono avere voce in capitolo: una parte non trascurabile delle scoperte di nuove comete è frutto del lavoro degli astrofili, alcuni equipaggiati con strumentazione assolutamente economica, come binocoli o piccoli telescopi.

1.13 I corpi minori

Oltre ai pianeti e al Sole, il Sistema Solare contiene milioni di altri corpi celesti, generalmente di piccole dimensioni.

Chiameremo corpi minori del Sistema Solare tutti quegli oggetti che appaiono puntiformi con qualsiasi strumento (amatoriale e non) e per i quali non si possono ottenere riprese in alta risoluzione; al contrario, si deve disporre di dispositivi sensibili per catturare la loro debole luce. Questa definizione, di natura osservativa, ben si sposa con quella prettamente astronomica: sono infatti considerati appartenenti a questa famiglia tutti gli asteroidi, i pianeti nani, i satelliti, i KBO, gli oggetti della Nube di Oort, quindi le stesse comete.

Lo studio fotografico fine a se stesso non offre molto all'appassionato di astronomia, se non la soddisfazione di essere riuscito a catturare la luce di un piccolo oggetto distante miliardi di chilometri, o che sfiora la nostra atmosfera a velocità incredibilmente alta.

Tutti i corpi minori sono molto interessanti dal punto di vista scientifico, e in questa direzione l'astrofilo evoluto può trovare un campo molto fertile per ricerche astronomiche importanti e riconosciute dalla comunità astronomica internazionale.

Partiamo con l'analizzare, soprattutto dal punto di vista fotografico, alcune famiglie di corpi minori.

1.13.1 Asteroidi, KBO e oggetti della Nube di Oort

Corpi celesti di dimensioni variabili tra qualche centinaio di chilometri e pochi metri o centimetri, sono quasi sempre detriti formatisi al tempo della nascita del Sistema Solare. Sparsi per il Sistema Solare esistono milioni di corpi, concentrati perlopiù in una zona compresa tra l'orbita di Marte e quella di Giove, chiamata Fascia Principale degli asteroidi, una regione spaziale in cui, a causa dell'intensa forza gravitazionale di Giove, non si poté formare alcun pianeta. I detriti sono quindi rimasti immutati per 4,5 miliardi di anni (l'età del Sistema Solare).

Esistono altri gruppi di asteroidi, ad esempio i Troiani, posti sulla stessa orbita di Giove, oppure i Centauri, oltre l'orbita del gigante. Al di là di Nettuno, l'ultimo pianeta, troviamo la Fascia di Edgeworth-Kuiper con i KBO, la famiglia di corpi di cui fa parte lo stesso Plutone, classificato come pianeta nano.

Spingendoci molto oltre, troviamo la Nube di Oort: si pensa possa essere un gigantesco serbatoio di piccoli corpi ghiacciati che circonda tutto il Sistema Solare e si estende fino a 150.000 UA, cioè fino a 2 anni luce, circa a metà strada tra il Sole e la stella più vicina, Proxima Centauri (a 4,23 anni luce).

La differenza maggiore tra gli oggetti appartenenti alla Fascia Principale e quelli esterni sta sostanzialmente nella composizione chimica. Tutti i corpi esterni hanno abbondanze importanti di ghiaccio, sia di acqua che di altri materiali volatili (anidride carbonica, azoto, ammoniaca, metano): sono cioè potenzialmente tutti nuclei cometari, compreso lo stesso Plutone, poiché se si dovessero avvicinare al Sole gran parte della loro superficie comincerebbe a sublimare generando chiome e code. In effetti, questo comportamento è stato osservato per almeno due corpi celesti: Plutone, il quale in prossimità del perielio (punto più vicino al Sole) sviluppa una tenue atmosfera che ricorda una chioma cometaria, e Chirone, componente principale del gruppo dei Centauri, il quale durante i suoi passaggi nelle zone più interne del Sistema Solare sviluppa anche una coda, alla stregua di una gigantesca cometa.

Appare evidente che la differenza tra le comete e questi corpi remoti è solamente di natura osservativa, e in parte dinamica: sono comete tutti quei corpi celesti composti da percentuali non trascurabili di elementi ghiacciati che, se si trovano a passare relativamente vicino al Sole (generalmente almeno alla distanza di Giove), sviluppano una chioma e una coda.

Morfologicamente e fisicamente tutte le comete appartengono alle diverse famiglie di corpi posti oltre l'orbita di Giove. Alcune, quelle non periodiche, si pensa che provengano dalla Nube di Oort, proiettate nelle zone interne a causa dell'interazione gravitazionale con altri corpi in quelle remote regioni del Sistema Solare (o anche per il passaggio ravvicinato di una stella).

D'altra parte, tutte le comete periodiche appartengono alle famiglie di corpi posti nelle vicinanze di Giove, disturbati dalla sua intensa forza gravitazionale.

Riprendere gli oggetti della Nube di Oort non è possibile: non vi sono riusciti neanche gli astronomi professionisti. In effetti, la sua esistenza rimane ancora ipotetica.

Un oggetto tra i più remoti del Sistema Solare è Sedna, effettivamente alla portata di strumentazione amatoriale, brillando in questi anni di magnitudine circa 20,5 nel rosso e quindi al limite delle possibilità di un telescopio di 25 cm abbinato ad una camera CCD. Si tratta, comunque, di una bella sfida riuscire a riprendere l'immagine di questo gigantesco corpo ghiacciato, le cui dimensioni si dovrebbero aggirare intorno ai 1500 km (diametro) e posto su un'orbita fortemente eccentrica, con il perielio a 76 UA e l'afelio a oltre 975 UA, percorsa in oltre 10mila anni. È l'oggetto del Sistema Solare più lontano che gli astrofili possano sperare di riprendere.

Alcuni KBO sono più facili da catturare sul supporto digitale (camera CCD), per esempio Quaoar, di magnitudine 18,5, ed Eris, il più grande finora scoperto, di magnitudine 18,8, e in generale tutti gli oggetti più brillanti della magnitudine 22, il cui numero totale si ignora.

Per il momento nessuno ancora ci ha provato. Secondo voi, qual è il corpo del Sistema Solare più debole che la vostra strumentazione è in grado di catturare? Il consiglio è di consultare un buon *software* planetario per cercare di raggiungere i veri limiti del vostro telescopio. Sono sicuro che ancora non conoscete il reale potenziale della strumentazione in vostro possesso!

1.13.2 Asteroidi interni

Anche nelle regioni più interne alla Fascia Principale esistono famiglie di corpi celesti, generalmente di dimensioni molto ridotte, raramente oltre la decina di chilometri.

I NEO (Near Earth Object = oggetto vicino alla Terra) sono gli asteroidi che durante il loro tragitto transitano a meno di 0,3 UA dalla Terra, mentre i PHO (Poten-

1.13.1. Passaggio dell'asteroide NEO 2004XP14 alla distanza di circa 400mila km dalla Terra. Immagine di Lorenzo Franco con camera CCD; 3 luglio 2006.

tially Hazardous Object = oggetto potenzialmente pericoloso; attualmente ne sono noti circa 600) sono quelli la cui distanza minima scende sotto le 0,05 UA (circa 7,5 milioni di chilometri), con un diametro di almeno 150 m.

Esistono vere e proprie famiglie di NEO, tra le quali vale la pena ricordare gli Amor (circa 200) e gli Aten (circa 1200). La loro composizione chimica è simile a quella degli asteroidi della Fascia Principale: sono pressoché privi di ghiaccio e quindi sono molto diversi dai KBO.

La ripresa delle famiglie appena citate è impegnativa e povera di soddisfazioni di natura estetica, ma comunque emozionante.

1.13.3 Satelliti planetari

Ad eccezione delle quattro lune galileiane (Io, Ganimede, Europa e Callisto) e Titano, tutti gli altri satelliti sono troppo piccoli per poter essere risolti, e spesso troppo deboli per essere ripresi con la tecnica *webcam*.

La fotografia di questi oggetti non riserverà alcuna informazione circa la loro forma e i loro dettagli superficiali: essi appariranno sempre puntiformi, cosicché è utile diminuire la focale per avere un rapporto focale più favorevole alla loro ripresa.

Lavorando con rapporti focali intorno a f/6 e con strumenti di 20-25 cm, è possibile raggiungere, con un ottimo *seeing*, una magnitudine limite intorno alla 14,5 con le classiche *webcam* per l'*imaging* dei pianeti: un valore di tutto rispetto se si pensa alle brevi esposizioni alle quali sono condannate e al notevole "rumore" del loro sensore.

Sono molti i satelliti che cadono entro questi limiti: quelli di Marte, almeno un paio di Giove (oltre ai galileiani), 6-7 di Saturno, 2 di Urano, e Tritone, orbitante attorno a Nettuno.

Oltre alla debolezza intrinseca di questi oggetti, una difficoltà aggiuntiva è spesso data dalla loro vicinanza al globo del pianeta, la cui luce può cancellarli completamente.

Un esempio è costituito dai satelliti di Marte, con una separazione massima dal centro del disco planetario di 28" per Phobos e 70" per Deimos. Tenendo conto anche delle dimensioni apparenti del pianeta rosso, mediamente di 20", questo significa distanze dal bordo illuminato pari a 18" e 60", valori molto piccoli, soprattutto considerando le loro magnitudini apparenti, che nelle medesime situazioni sono 12 per Phobos e 13 per Deimos (per confronto, il pianeta splende di magnitudine –1,8).

Per evitare l'abbagliamento ci sono due strade percorribili. L'una consiste nel mascherare o porre fuori dal campo il pianeta; l'altra, sicuramente più semplice, nell'aumentare la focale, quindi il campionamento, e cercare di separare il più possibile il satellite e il pianeta.

La diffusione della luce, infatti, dipende dalle caratteristiche strumentali (telescopio e sensore). In generale, aumentando la separazione tra satellite e pianeta in

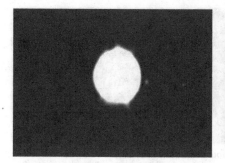

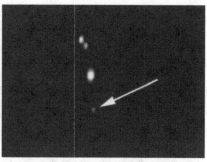

1.13.2. I satelliti di Marte ripresi lontano dall'opposizione con una webcam Toucam Pro II. La tecnica *webcam* si rivela molto efficiente nel limitare la quantità di luce diffusa sui *pixel* adiacenti, al contrario dei sensori CCD che però permettono di raggiungere una magnitudine maggiore.

1.13.3. Nettuno, il punto più brillante dell'immagine, e il suo satellite maggiore, Tritone, indicato dalla freccia, ai limiti della visibilità di una *webcam* non modificata (magnitudine 14,5) accoppiata a uno strumento di 23 cm. Sopra sono visibili anche due stelle di campo; 3 ottobre 2004.

modo da far uscire quest'ultimo dalla zona di maggiore diffusione della luce, si può evitare l'abbagliamento e riprendere l'oggetto.

Le *webcam*, grazie all'architettura del sensore, permettono di ridurre di molto la diffusione della luce planetaria rispetto alle classiche camere CCD astronomiche, parte delle quali soffre anche del fenomeno del *blooming*, particolarmente nocivo. Il *blooming*, letteralmente "fioritura", si verifica quando alcuni *pixel* del sensore ricevono una grande quantità di luce. La carica da essi prodotta è così elevata da uscire fuori, straripare, e riversarsi sui *pixel* adiacenti. Il fenomeno si mostra come una colata di luce in senso verticale che ha origine dalla sorgente che ha prodotto l'eccesso di carica.

Fortunatamente *webcam* e camere planetarie non soffrono di questo difetto (a scapito, però, di una perdita di linearità). Utilizzando un campionamento leggermente inferiore a 1"/*pixel* (1 secondo d'arco su ogni *pixel*), ad esempio 0",7-0",8/*pixel*, si ha il giusto compromesso tra zona di diffusione e magnitudine limite raggiungibile. Ingrandendo ulteriormente, gli effetti del *seeing* sparpaglieranno la luce del satellite su un'area maggiore, con conseguente perdita di magnitudine limite.

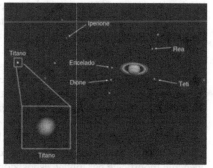

1.13.4. I principali satelliti di Saturno alla portata di una *webcam*.

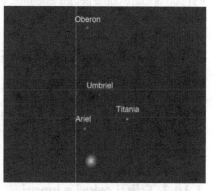

1.13.5. I quattro satelliti di Urano sono troppo deboli per le *webcam*, ma sono alla portata di camere planetarie più sensibili o delle classiche camere CCD, a patto di lavorare con scale dell'immagine adeguate (almeno 1"/*pixel*).

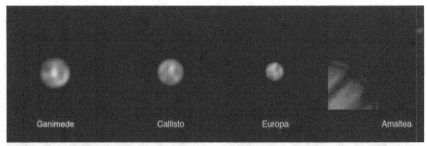

1.13.6. I satelliti medicei di Giove sono risolvibili con strumenti di 20-25 cm e mostrano anche dettagli superficiali. Alla portata di una *webcam* vi è anche il quinto, Amaltea, di magnitudine 14,3, distante al massimo 55" dal centro del pianeta. *Webcam* Vesta Pro Scan.

L'utilizzo di strumenti non ostruiti, o almeno privi dei sostegni degli specchi secondari, limita parecchio la luce diffusa dal pianeta e consente di riprendere oggetti deboli a piccole distanze angolari dal disco planetario. Nella Fig. 1.13.2, Phobos, di magnitudine 12,1, appare ben distinto a 17" dal centro di Marte e a soli 13" dal bordo, sommando 1600 immagini riprese a 1/5 di secondo. Un tale risultato sarebbe stato molto difficile da ottenere con una normale camera CCD o con uno strumento Newton: la maggiore luce diffusa avrebbe oscurato completamente il satellite più interno.

In questo tipo di riprese il globo planetario risulta completamente saturato, cioè bianco e privo di dettagli, esteso ben oltre i propri confini. Per dare un tocco estetico all'immagine si possono unire due riprese, l'una correttamente esposta per i satelliti, l'altra per il pianeta, sostituendo il suo disco all'immagine spuria e saturata.

Oltre la magnitudine 14,5-15 (in caso di trasparenza eccezionale), le *webcam* non riescono a registrare le deboli immagini dei satelliti; si dovranno allora utilizzare camere planetarie più sensibili, le classiche camere CCD astronomiche, oppure le stesse *webcam* modificate per lunghe esposizioni (vedi 3.6.4).

Per satelliti distanti più di 5' dal centro del pianeta l'abbagliamento è trascurabile e si può operare come per gli asteroidi, ovvero come per ogni ripresa del cielo profondo.

1.14 Fenomeni transienti

In questo paragrafo parleremo di fenomeni celesti che si ripetono a intervalli più o meno regolari, ma generalmente piuttosto rari, che coinvolgono oggetti del Sistema Solare.

I principali e i più suggestivi sono: 1) le eclissi, sia solari che lunari; 2) i transiti di pianeti interni sul disco solare; 3) le occultazioni da parte della Luna di pianeti o stelle luminose; 4) le congiunzioni tra i pianeti più luminosi.

1.14.1 Eclissi solari e lunari

Un'eclisse di Sole, se osservata in fase totale, è uno degli spettacoli più belli della natura. Purtroppo è un fenomeno estremamente raro per una certa località, essendo confinato entro una linea lunga qualche migliaio di chilometri, ma larga solo un centinaio (basti pensare che in Italia l'ultima visibile fu nel 1961 e la prossima solo nel 2081). Benché meno spettacolari, sono abbastanza affascinanti anche le fasi parziali, che si possono ammirare relativamente spesso (una volta l'anno, in media).

Si verifica un'eclisse solare quando la Luna si trova esattamente tra la Terra e il Sole. Il nostro satellite naturale comincia a coprire il disco solare, prima parzialmente, poi, se ci si trova nel posto giusto, completamente (fase totale o totalità).

Le eclissi (specialmente quelle solari) sono rare, poiché l'orbita della Luna è inclinata di circa 5° rispetto all'eclittica (il percorso apparente del Sole) e non sempre a ogni rivoluzione intorno alla Terra essa si trova a passare esattamente tra il Sole e il nostro pianeta, transitando un po' più in alto, o un po' più in basso. Affinché ci sia un'eclisse occorre che la Luna, mentre transita tra la Terra e il Sole, si trovi in uno dei punti della sua orbita che intersecano l'eclittica (nodi). Se l'allineamento è quasi perfetto si ha un'eclisse centrale, altrimenti è possibile ammirare un'eclisse parziale.

Nell'eventualità di un'eclisse centrale, occorre distinguere tra due diverse situazioni:

- se il nostro satellite si trova in prossimità del punto più vicino alla Terra (perigeo), allora il suo diametro apparente è maggiore di quello solare e il Sole viene coperto completamente; in tal caso si ha un'eclisse totale;
- se la Luna si trova in prossimità del punto più lontano dal nostro pianeta (apogeo), il diametro apparente sarà minore di quello solare e il disco non verrà coperto totalmente. In questo caso, l'eclisse sarà anulare.

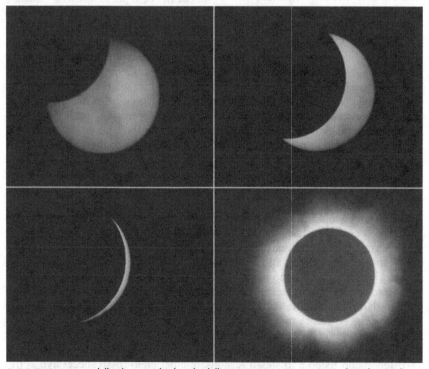

1.14.1. Sequenza dell'eclisse totale di Sole dell'11 agosto 1999 osservata da Seltz, 60 km a nord di Strasburgo. Rifrattore acromatico di 90 mm e pellicola da 100 ISO. Durante la fase totale il filtro solare si deve togliere. Con le moderne reflex digitali si possono ottenere risultati nettamente migliori di questi.

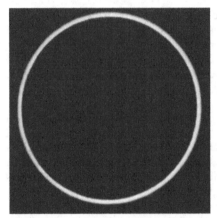

1.14.2. Fase centrale di un'eclisse solare anulare (Moraira, Spagna, 3 ottobre 2005) ripresa su pellicola da 100 ISO, rifrattore acromatico di 80 mm e filtro solare a tutta apertura. Il disco lunare è troppo piccolo per coprire completamente quello solare, e resta scoperto un sottile anello di fuoco. Queste immagini sono facili da realizzare con ogni sensore di ripresa, meglio se dotato di molti *pixel*, come sono le normali fotocamere digitali.

Non v'è dubbio che l'eclisse totale sia più spettacolare di quella anulare: il Sole viene coperto e la sua luce totalmente bloccata; sulla Terra cade uno strano e improvviso buio, le stelle si rendono visibili, l'orizzonte resta luminoso e il disco scuro della Luna è circondato da una corona di gas brillanti, la corona solare, totalmente invisibile di giorno a causa della sua intrinseca debolezza, se paragonata a quella del disco del Sole.

In prossimità del bordo lunare diventano visibili anche le protuberanze, altrimenti troppo deboli per essere viste in condizioni normali (solo l'uso di filtri a banda strettissima è in grado di mostrarle fuori eclisse, vedi 1.1). Poterle osservare a occhio nudo, senza l'ausilio di costosissimi strumenti, è un'emozione unica.

La fase totale dura pochi minuti; anche nel caso più favorevole – quando l'eclisse si verifica in estate (con il Sole più lontano dalla Terra e quindi apparentemente più piccolo) e con la Luna al perigeo (quindi con il massimo diametro angolare) – la durata massima arriva ad appena 7 minuti e mezzo.

La strumentazione migliore per le riprese delle eclissi solari e lunari è costituita da una buona reflex digitale applicata a un telescopio con focale non superiore ad 1 m. Le *webcam* e le camere planetarie hanno un sensore troppo piccolo per riuscire a produrre immagini spettacolari.

Le eclissi lunari si verificano quando la Terra si frappone tra il Sole e la Luna oscurando con la sua ombra il nostro satellite. Il diametro dell'ombra del nostro pianeta, alla distanza della Luna, è di circa 1°,5 e quindi la fase totale di un'eclisse lunare può durare anche alcune ore, visibile da ogni parte della Terra nella quale il satellite è sopra l'orizzonte.

Meno spettacolari di quelle solari, ma molto più frequenti, sono interessanti da osservare e fotografare, soprattutto con le moderne camere digitali a 16 bit, le quali permettono di effettuare riprese cosiddette HDR (dall'inglese: High Dynamic Range = ampio intervallo di dinamica) con un solo scatto, ottenendo molti vantaggi rispetto al classico formato a 8 bit. Diventano in questo modo visibili sia il lato ancora non immerso nell'ombra terrestre che quello debolmente illuminato dalla luce rifratta dalla Terra. Nella fase centrale della totalità tutta la Luna assume un colore rosso cupo.

La tonalità può variare leggermente in funzione della profondità dell'eclisse e della trasparenza dell'atmosfera terrestre, responsabile dell'arrossamento.

Il fenomeno fisico è lo stesso responsabile del cielo rosso successivo al tramonto del Sole: la luce solare che attraversa la nostra atmosfera viene diversamente deviata (rifratta) in funzione della sua lunghezza d'onda. La luce rossa viene deviata più di quella blu e può raggiungere la Luna immersa nel cono d'om-

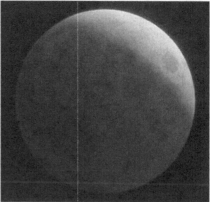

1.14.3. Fasi parziali dell'eclisse di Luna del 3 marzo 2007. Telescopio rifrattore acromatico di 80 mm e camera CCD. Mano a mano che l'eclisse avanza, la parte in ombra si illumina di un rosso cupo a causa della luce solare rifratta dall'atmosfera terrestre. La grande dinamica della camera CCD utilizzata (16 bit, 65535 livelli di luminosità) consente di vedere simultaneamente la parte illuminata e quella in ombra, proprio come nell'osservazione visuale. Un risultato del genere sarebbe stato impossibile con la pellicola o con camere a 8 bit (255 livelli di luminosità).

bra della Terra, illuminandola debolmente, mentre le parti più vicine al confine dell'ombra della Terra assumono colorazioni bluastre.

1.14.2 Occultazioni

Si parla di occultazione quando due corpi celesti di diametro apparente molto diverso passano l'uno davanti all'altro. Una situazione tipica si verifica quando la Luna copre una stella o il disco di un pianeta.

Le occultazioni planetarie sono piuttosto rare, ma molto interessanti sia dal punto di vista scientifico che da quello estetico. Il nostro satellite naturale può occultare i pianeti più brillanti, come Venere, Marte, Giove e Saturno, grosso

1.14.4. Occultazione di Saturno ripresa il 22 maggio 2007 in HDR (High Dynamic Range) utilizzando una camera CCD a 16 bit. In questa immagine è possibile notare il bordo lunare rischiarato dalla luce terrestre (luce cinerea), il pianeta, scomparso quasi per metà, e, in alto, i satelliti Rea (a destra, il più luminoso) e Dione (a sinistra), rispettivamente di magnitudine 9,8 e 10,5. Questo risultato sarebbe stato impossibile con camere con una dinamica inferiore. Possiamo definire la dinamica di ogni sensore come la massima differenza di luminosità che è possibile catturare senza che i *pixel* saturino. Le camere a 16 bit riescono a riprendere, correttamente esposte, scene con differenze di luminosità fino a 9-10 magnitudini, quasi come l'occhio umano. Camere a 8 bit non consentono di riprendere differenze di luminosità che siano maggiori di 4 magnitudini.

modo con frequenza annuale. Le occultazioni rappresentano un'opportunità per meglio studiare l'orbita del pianeta occultato e la sua eventuale atmosfera; è incredibilmente alta la quantità di informazioni che si possono raccogliere semplicemente analizzando la luce di un pianeta che viene occultato dalla Luna: dimensioni, composizione e pressione atmosferica, profilo di densità, temperatura e molto altro.

1.14.5. Occultazione di Venere (18 giugno 2007) da parte della Luna. Si notino i diversi diametri e le diverse luminosità dei due oggetti. Questa immagine è stata ripresa alle 18h, con il Sole ancora alto sull'orizzonte.

1.14.3 Transiti

Si parla di transiti quando il corpo occultante è molto più piccolo del corpo occultato (il contrario di quanto avviene nelle occultazioni). Possiamo assistere a due tipologie di transiti: un satellite che passa davanti al disco del proprio pianeta (ad esempio i satelliti galileiani di Giove) oppure, caso più interessante ma molto più raro, un pianeta che passa davanti al disco del Sole.

Chiaramente, solo i pianeti con orbita più interna di quella della Terra possono transitare davanti al disco del Sole, quindi solo Mercurio e Venere. Per entrambi i pianeti il transito ha luogo quando si trovano in congiunzione inferiore (sono cioè tra la Terra e il Sole), presentando le massime dimensioni apparenti: 13" per Mercurio e ben 62" per Venere. La loro sagoma scura e ben definita produce un elevatissimo contrasto sul disco solare. Le osservazioni vanno condotte assolutamente con un filtro solare!

Il transito di Mercurio è più frequente (ogni 3-8 anni), ma molto meno spetta-

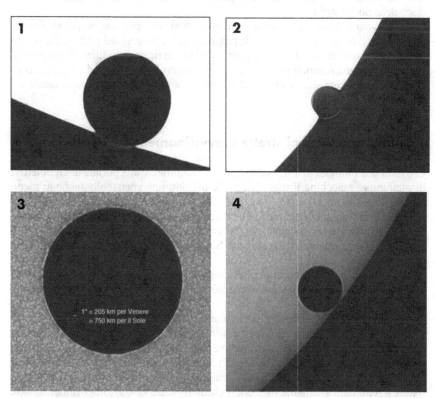

1.14.6. Quattro fasi del transito di Venere dell'8 giugno 2004. **(1)** Manca poco al secondo contatto; la spessa atmosfera del pianeta rifrange parte della luce solare verso la Terra, con la formazione di un sottile anello. **(2)** All'uscita si ripete lo stesso fenomeno. **(3)** Fase centrale del transito, ripresa in alta risoluzione. Il disco di Venere, del diametro di ben 58", è contornato dalla granulazione fotosferica. Attorno al pianeta è visibile anche un sottile anello esteso circa 500-600 km: si tratta dell'atmosfera, attraversata dalla luce del Sole. **(4)** Il transito sta quasi per terminare. Il bordo di Venere tocca quello solare (terzo contatto).

colare; il diametro apparente è molto piccolo e il disco del pianeta rischia di essere confuso con una macchia solare.

Ben più interessante è il transito di Venere, che però è un evento molto raro (si verifica 1-2 volte al secolo). Il pianeta mostra dimensioni di 1 primo d'arco, diventando ben visibile a occhio nudo (sempre con un apposito filtro solare!) come un piccolo neo che solca la calda fotosfera solare. La spessa e densa atmosfera del pianeta produce effetti unici e veramente bizzarri. Il fenomeno più evidente e insolito è la comparsa di un anello brillante quando il pianeta non è ancora completamente entrato o uscito dal disco solare. In queste situazioni, l'atmosfera di Venere si comporta come una gigantesca lente, deviando la luce solare e rendendosi visibile.

Il primo transito verificatosi nell'era digitale è avvenuto l'8 giugno 2004, visibile dall'Italia; il prossimo sarà il 6 giugno 2012, purtroppo invisibile dalle nostre regioni perché il Sole si troverà sotto l'orizzonte.

Le fasi di un transito sono sostanzialmente quattro: il primo contatto, quando il pianeta comincia ad entrare nel disco solare, il secondo contatto, quando è entrato del tutto, il terzo contatto, quando inizia l'uscita, il quarto e ultimo, quando il pianeta abbandona il disco della nostra stella.

Un transito di Venere costituisce un importantissimo appuntamento per studiare in modo dettagliato la composizione e le proprietà dell'atmosfera del pianeta. Proprio in occasione del transito del 2004, alcuni astronomi hanno richiesto e utilizzato con profitto molte immagini amatoriali per caratterizzare a fondo l'atmosfera del pianeta, raccogliendo informazioni altrimenti ricavabili solo dall'analisi in loco da parte di sonde automatiche.

1.14.4 Congiunzioni strette e avvicinamenti prospettici

C'è tutta una famiglia di altri eventi che sono facilmente alla portata degli obiettivi di qualunque macchina fotografica e che offrono uno spettacolo anche ai meno esperti di astronomia.

Il termine congiunzione indica due corpi celesti che hanno la stessa ascensione retta, indipendentemente dal valore della declinazione. Nel gergo degli astrofili, il termine ha ormai assunto il significato di avvicinamento prospettico tra due o più corpi celesti.

Gli avvicinamenti più spettacolari coinvolgono quasi sempre la Luna in fase sottile e qualche pianeta prospetticamente vicino al Sole, perlopiù Mercurio e Venere.

Più raramente si verificano avvicinamenti tra gli stessi pianeti.

Il più famoso fu quello di Giove e Venere del 23 febbraio 1999 quando i due corpi celesti raggiunsero una separazione angolare di soli 9', apparendo quasi un unico oggetto all'osservazione visuale. Purtroppo, questi avvicinamenti stretti sono abbastanza rari, ma quasi ogni mese, quando la Luna è in fase sottile, si potrà assistere a fenomeni altamente suggestivi che non richiedono alcuna strumentazione particolare per essere immortalati.

2 L'osservazione e lo studio del cielo profondo

2.0 Introduzione

2.0.1 Gli oggetti *deep-sky*

Nel comune linguaggio degli astrofili, per oggetti *deep-sky*, o del cielo profondo, si intendono tutti quelli esterni al Sistema Solare. Quindi, stelle, che spesso fanno parte di gruppi più o meno numerosi, che sono detti *ammassi* stellari e che possono essere *globulari* o *aperti* a seconda della loro forma e del numero di componenti.

Accanto agli agglomerati stellari, esistono le nebulose, gigantesche distese di gas e polveri che, a seconda del modo in cui interagiscono con la luce, si mostrano all'osservatore sotto forma di *nebulose a emissione*, dette anche *regioni HII* (HII denota l'idrogeno ionizzato, cioè privato del suo unico elettrone); *a riflessione*, se diffondono la luce proveniente da stelle vicine; oppure *oscure*, se la quantità di polveri è elevata e l'oggetto è opaco. Vi sono anche altri tipi di nebulose, molto più piccole, che rappresentano lo stadio finale della vita di una stella: sono le *nebulose planetarie* o i *resti di supernova*.

Le nebulose e gli ammassi stellari che possiamo agevolmente osservare appartengono alla Via Lattea, la nostra galassia, la quale è solamente una delle decine di miliardi che popolano l'Universo. Le galassie osservabili dagli astrofili sono qualche decina di migliaia e tutte si presentano spettacolari e interessanti, ognuna diversa dalle altre.

Gli oggetti da riprendere e studiare sono tutti di tipo diffuso, ovvero con un'estensione angolare apprezzabile. In effetti, la ripresa di una singola stella non è quasi mai praticata a meno che non presenti qualche particolarità, come la variabilità o una o più compagne che le ruotano intorno. Anche le stelle più vicine a noi (la più vicina è Proxima Centauri) sono così lontane che il diametro angolare sotteso dal loro disco è al di sotto del potere risolutivo di qualunque telescopio. Una stella appare sempre puntiforme. L'osservazione di una stella singola, quindi, non è particolarmente emozionante.

Avremo modo di vedere che esiste almeno una classe di oggetti puntiformi estremamente interessanti: i quasar, in apparenza stelle, ma in realtà nuclei galattici che emettono una quantità di energia anche mille volte superiore a quella delle stelle della galassia che li ospita e che per questo si rendono visibili fino ai confini dell'Universo osservabile, a oltre 10 miliardi di anni luce dalla Terra.

L'Universo è ricco di oggetti non stellari e di vasti agglomerati di stelle, con un diametro apparente quasi sempre molto più grande di quello dei pianeti e che meritano, quindi, di essere indagati con la tecnica digitale per rivelare la loro natura, i loro dettagli e le loro caratteristiche fisiche, chimiche e dinamiche.

2.0.2 Le camere CCD

La tecnica di cui si è parlato nel caso dei corpi del Sistema Solare (applicabile con le *webcam*, le camere planetarie specializzate o le videocamere) ha portato una vera e propria rivoluzione nel mondo dell'astronomia amatoriale in alta risoluzione, avvicinandola notevolmente all'astronomia professionale.

2.0.1. Confronto tra una tipica camera CCD astronomica e una reflex digitale. Sebbene queste ultime possano essere impiegate per le riprese *deep-sky*, non consentono di ottenere gli stessi risultati delle camere CCD.

Sfortunatamente, questa tecnica non può essere applicata a tutti gli oggetti del cielo profondo. A prescindere dalla loro natura, galattica o extragalattica, stellare o gassosa, si tratta sempre di oggetti molto deboli (ad eccezione delle stelle doppie che meritano una trattazione particolare) e di solito angolarmente molto più estesi dei pianeti. Le *webcam* purtroppo non riescono a catturare efficientemente la loro debole luce, così come qualsiasi altra camera planetaria, per quanto sofisticata e costosa possa essere, a causa della scarsa sensibilità del sensore e dell'elettronica di controllo ottimizzata per le riprese di oggetti luminosi ed estremamente piccoli.

Per ottenere risultati davvero eccellenti sugli oggetti *deep-sky* occorrono sensori (digitali) estremamente sensibili e capaci di esposizioni molto lunghe, dell'ordine della decina di minuti, a volte delle ore. I sensori CCD per l'astronomia sono lo strumento perfetto per svolgere un'attività di fotografia e di indagine scientifica da parte dell'astronomo amatoriale, attività che gli era preclusa ai tempi della pellicola fotografica. Non si confondano le camere CCD con le fotocamere digitali. Per quanto queste ultime possano essere sofisticate, sono progettate per applicazioni terrestri.

Le moderne reflex digitali hanno sostituito, nella fotografia naturalistica, le vecchie reflex a pellicola e si stanno imponendo anche nel mondo della fotografia astronomica. Tuttavia, esse presentano alcuni dei difetti che erano anche della pellicola: scarsa sensibilità, scarsa dinamica, scarsa risposta spettrale, per non dire del "rumore". L'utilizzo delle reflex digitali nella fotografia astronomica di fatto non aggiunge molto rispetto a quanto poteva dare la vecchia pellicola fotografica.

Solo con le camere CCD appositamente progettate per applicazioni astronomiche l'astronomo amatoriale può fare un salto di qualità. Nel seguito, parleremo delle applicazioni e dei risultati raggiungibili accoppiando al solito telescopio di 23-25 cm una camera CCD appositamente progettata per le applicazioni astronomiche, e non tratteremo delle reflex digitali (almeno di quelle non modificate per le applicazioni astronomiche). Anzitutto vediamo quali sono le differenze e i punti di forza di queste camere rispetto alle comuni fotocamere digitali.

Cominciamo dall'aspetto più evidente: la forma e le dimensioni. Una camera CCD non assomiglia agli usuali dispositivi fotografici (si veda la foto nella pagina precedente). Le differenze sono notevoli.

- Una camera CCD non possiede un obiettivo, poiché va generalmente collegata al telescopio.

- Non ha schede di memoria, schermi, programmi di regolazione e/o accensione, né pulsanti di scatto, poiché va collegata direttamente a un computer e controllata tramite *software* specifici.

- Spesso non ha neppure un otturatore e non permette pose più brevi di 1/10s, poiché non è progettata per le riprese in luce diurna.

- Il sensore è generalmente in bianco e nero. Un sensore monocromatico restituisce le massime prestazioni in termini di sensibilità, risoluzione e dinamica. Eventuali immagini a colori si comporranno manualmente effettuando riprese con i filtri RGB (Rosso, Verde e Blu) unendole poi via *software*, effettuando manualmente lo stesso procedimento che ogni camera digitale a colori esegue in automatico. Per applicazioni puramente estetiche, si trovano in commercio camere CCD a colori, che comunque non mi sento mai di consigliare. Una vera camera CCD astronomica è rigorosamente monocromatica e senza il meccanismo di *antiblooming*, particolarmente nocivo nella ricerca fotometrica.

- La sensibilità si estende dal vicino ultravioletto al vicino infrarosso, cioè dalle lunghezze d'onda di circa 300 nm fino a 1100 nm, ben oltre l'intervallo per il quale l'occhio mostra sensibilità (400-700 nm). In realtà questa grande sensibilità è propria di ogni sensore digitale. Tuttavia, per ottenere fotografie naturalistiche che mostrino colori vicini alla realtà, le comuni fotocamere digitali sono dotate di filtri interni che ne limitano la sensibilità spettrale alle regioni del visibile.

- Il sensore è estremamente sensibile, decine di volte più che nelle comuni fotocamere. La sua sensibilità non si esprime in ISO, ma con una percentuale, detta *efficienza quantica*: essa rappresenta la frazione di fotoni realmente raccolti rispetto a quelli incidenti. Le migliori camere CCD amatoriali hanno un'efficienza quantica di picco dell'ordine dell'85%: significa che 85 fotoni su 100 vengono effettivamente rivelati. Di contro, una comune pellicola da 100 ISO (così come una reflex digitale operante a 100 ISO) ha un'efficienza quantica effettiva attorno al 4-5%! I sensori delle fotocamere digitali vengono in qualche modo limitati dal *software* installato, poiché le loro potenzialità,

2.0.2. Immagini di buio (*dark frame*) per evidenziare il "rumore" dovuto alla temperatura del sensore di ripresa. A sinistra, temperatura di 15 °C; a destra, stessa esposizione (1 minuto) con sensore raffreddato a −20 °C.

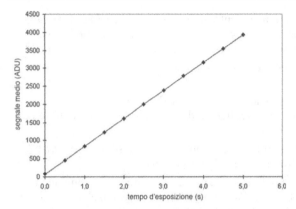

2.0.3. Un sensore CCD progettato per applicazioni astronomiche è perfettamente lineare: a un'esposizione doppia corrisponde un segnale raccolto di intensità doppia. Questa proprietà è fondamentale sia per la corretta calibrazione delle immagini, sia per eventuali applicazioni di ricerca fotometrica.

anche in termini di efficienza quantica, sono nettamente superiori, dell'ordine del 40-50%.

Un sensore CCD astronomico abbinato a un telescopio di 25 cm permette di ottenere un'immagine buona di una lontana galassia in meno di un minuto di esposizione, contro le decine di minuti necessari alla pellicola o alle reflex digitali.

- La dinamica è molto elevata. I sensori CCD per astronomia catturano immagini con una dinamica a 16 bit: questo significa che possono restituire ben 65.536 livelli di grigio, contro i poco più di 4000 delle moderne reflex digitali. Non solo: il numero di elettroni che possono catturare prima di saturare, cioè prima di restituire un'immagine completamente bianca, è molto elevato, dell'ordine del centinaio di migliaia, contro qualche migliaio delle reflex digitali. La combinazione di questi due fattori consente di effettuare riprese con alta dinamica, cioè contenenti forti differenze di luminosità, senza dover sacrificare alcun dettaglio. Il "rumore" è molto attenuato da un sistema di raffreddamento. In ogni sensore digitale c'è una componente di elettroni raccolti dovuta non all'incidenza di raggi luminosi, ma all'agitazione termica degli atomi del sensore; in altre parole alla temperatura. Minore è la temperatura del sensore, minore sarà il segnale di disturbo raccolto: per questo motivo le camere CCD possiedono sensori con un'elettronica di controllo molto più sofisticata e con un sistema di raffreddamento in grado di portare la temperatura fino a 50 °C sotto quella ambientale.

- Linearità: la risposta dei sensori CCD per astronomia è perfettamente lineare. Questo significa che l'intensità luminosa di un'immagine fornita da una camera CCD è proporzionale alla luminosità della sorgente. Inoltre, raddoppiando il tempo di esposizione raddoppia il numero dei fotoni raccolti. Ciò è fondamentale per l'utilizzo di queste camere in campo scientifico.
Anche le fotocamere digitali, in particolare le reflex, sono lineari, ma non in modo così preciso come un sensore CCD, il quale resta uno strumento importantissimo nella stima delle luminosità stellari.

Tutte queste particolarità rendono i sensori CCD per astronomia imbattibili nelle riprese e nello studio degli oggetti del cielo profondo (ma anche per alcune applicazioni planetarie, come le riprese con filtri UV e IR); è questo il motivo per il quale nelle pagine seguenti prenderemo in esame solo questo tipo di sensori.

2.0.3 La tecnica di ripresa e di elaborazione

La ripresa degli oggetti diffusi richiede sempre cieli estremamente scuri e tempi di esposizione abbastanza lunghi (almeno 10m). Molti oggetti *deep-sky*, anche quelli più luminosi, hanno parti estremamente deboli, che con pose brevi non verrebbero rilevate; per questo è spesso necessario effettuare esposizioni complessive di almeno un'ora.

Che significa "complessive"? Che possiamo utilizzare anche in questo caso la tecnica vista per i corpi del Sistema Solare, cioè la somma (o la media) delle immagini. Un'esposizione complessiva di un'ora può essere raggiunta con la somma, ad esempio, di sei esposizioni da 10m ciascuna.

La durata delle singole esposizioni (*subframe*) dovrebbe essere quella massima consentita dal fondo cielo, il quale non appare mai perfettamente scuro, soprattutto nel nostro Paese, i cui cieli soffrono per l'inquinamento luminoso. In linea generale, la durata massima delle singole esposizioni dovrebbe essere tale da fare appena emergere la luminosità del fondo cielo. Quando si raggiunge questo limite, una posa superiore non riuscirà mai a mettere in evidenza stelle o oggetti più deboli poiché abbiamo superato il cosiddetto *tempo di saturazione*, quello per il quale la magnitudine limite dipende esclusivamente dallo stato del cielo e non dal tempo di posa.

Neanche sommando tante immagini si aumenta la quantità dei dettagli visibili: si aumenta solo la loro qualità; in altre parole, si abbassa il cosiddetto "rumore" dell'immagine, la cui componente casuale dipende dal segnale raccolto. Il segnale aumenta all'aumentare del numero di pose. È per questo motivo che si sommano molte esposizioni fino ad arrivare addirittura a pose complessive di oltre 20h, naturalmente diluite in più nottate osservative.

La difficoltà principale nelle riprese del cielo profondo non è il *seeing*, come nell'alta risoluzione planetaria, ma piuttosto la necessità di avere una meccanica molto precisa. La montatura che sorregge il telescopio, di tipo equatoriale, deve essere motorizzata per compensare il moto terrestre e deve seguire il cielo in modo perfetto per tutta la durata della posa.

Di fatto, nessuna montatura è in grado di seguire senza errori una sorgente celeste per più di un paio di minuti con focali telescopiche (diciamo oltre gli 800 mm): per questo occorre affiancare al sistema di ripresa uno di guida, spesso costituito da un'altra camera (anche una *webcam*) collegata a un piccolo telescopio posto in parallelo a quello di ripresa, interfacciata alla montatura, in grado di correggere istantaneamente i piccoli errori di inseguimento prima che si rendano visibili nell'immagine che si sta acquisendo. Qualche camera CCD di livello medio-alto incorpora un sistema costituito da un secondo sensore vicino al principale, che consente di guidare e riprendere con lo stesso telescopio.

Le immagini acquisite vanno calibrate ed eventualmente elaborate. La calibrazione è un procedimento utilizzato anche in ambito scientifico, che elimina le sorgenti di "rumore" non casuali prodotte dalla camera CCD e dal telescopio, come il cosiddetto "rumore termico" o *corrente di buio*, il "rumore" causato dall'amplificatore del sensore, l'eventuale presenza di polvere, sporcizia o vignettatura (caduta di luce ai bordi del campo).

Dopo questa fase c'è l'eventuale elaborazione, in grado di migliorare la visualizzazione di tutte le parti dell'immagine. Generalmente, si agisce sui livelli di luminosità in modo da rendere visibili, contemporaneamente, parti estremamente luminose e parti debolissime; più raramente si applicano leggeri filtri di contrasto.

2.0.4. L'ammasso globulare M13. Le prime due immagini sono grezze e consentono di vedere alternativamente i dettagli centrali oppure quelli periferici. La visione d'insieme la si ottiene nella terza immagine, alterando le differenze tra le luminosità attraverso i cosiddetti *stretch*, specialmente quelli di natura logaritmica. Applicando queste funzioni si possono visualizzare contemporaneamente dettagli molto deboli e altri estremamente luminosi.

La fase elaborativa è marginale e consente solamente di visualizzare sullo schermo del computer, e all'occhio umano, ciò che già è contenuto nell'immagine grezza. Le riprese del profondo cielo, comunque, nonostante possano essere il risultato della somma (o media) di diverse immagini, non avranno mai tanto segnale come le riprese planetarie; questo è il motivo per il quale la fase di elaborazione assume minore importanza.

Ogni ripresa CCD ha una dinamica di almeno 12, spesso di 16 bit; in quest'ultimo caso, l'immagine contiene oltre 65mila livelli di intensità. Non c'è schermo di computer, né dispositivo di stampa che siano in grado di visualizzare tutti questi livelli: senza elaborazioni siamo costretti a sacrificare alcuni dettagli importanti.

L'esempio tipico è quello degli ammassi globulari. Generalmente una ripresa CCD registra correttamente le zone più luminose (il centro) e quelle più deboli (la periferia), ma sullo schermo del computer siamo costretti a visualizzare alternativamente ora le une, ora le altre, regolando luminosità e contrasto.

Per avere un'immagine che mostri contemporaneamente parti luminose e parti deboli dobbiamo intervenire sulle differenze di luminosità in modo da poterle visualizzare correttamente. Spesso si applicano i cosiddetti *stretch* logaritmici, in grado di comprimere la dinamica dell'immagine negli 8 bit (255 livelli), quanti ne visualizza al massimo lo schermo del computer. In questo modo, si alterano le naturali differenze di luminosità tra le stelle, e quindi si perde informazione fotometrica, ma si rendono visibili tutti i dettagli effettivamente raccolti dal sensore di ripresa. È bene sottolineare che quando si interviene su un'immagine con un procedimento di elaborazione, necessariamente si sacrifica un'informazione a vantaggio di un'altra. Quando si applicano gli *stretch* logaritmici si sceglie di rinunciare all'informazione fotometrica, ovvero all'informazione sulla luminosità delle stelle contenute nel campo di ripresa. Non esiste procedimento di elaborazione che non preveda il sacrificio di una parte di informazione: sta all'astrofilo selezionare e capire quali e quanti dati si vogliono sacrificare per enfatizzarne altri.

L'*imaging* degli oggetti del cielo profondo è sicuramente la disciplina più impegnativa per l'astrofilo. Se si vogliono raggiungere risultati adeguati alla propria strumentazione è infatti necessario che l'ottica sia collimata e acclimatata, la montatura perfettamente stazionata e robusta, l'autoguida regolata in modo accurato. Se si dispone di un telescopio di guida in parallelo al principale occorre che esso sia saldamente collegato, altrimenti nel corso della nottata si possono verificare flessioni di pochi millimetri, sufficienti per rendere le stelle mosse; il cielo deve essere trasparente e buio, non ci deve essere vento altrimenti lo strumento può vibrare, e durante le esposizioni, frequentemente maggiori di 10m, tutto dev'essere perfetto: un minimo errore compromette l'intera posa.

Sono questi i motivi che spingono tutti gli astrofili esperti a consigliare le riprese del cielo profondo solamente quando si ha la dovuta esperienza. La fotografia astronomica a lunga posa dovrebbe rappresentare l'ultima tappa nel cammino di formazione di ogni astrofilo, il punto di arrivo di un percorso lungo diversi anni, fatto anche di sacrifici e insuccessi.

Ora abbandoneremo le considerazioni tecniche e ci immergeremo nello spazio profondo, sempre con il nostro telescopio di 20-25 cm, per scoprire una parte del meraviglioso Universo di cui facciamo parte. Tutte le immagini, ove non diversamente indicato, sono state riprese con una camera CCD SBIG ST-7XME.

2.1 Le stelle

Il cielo è ricchissimo di stelle. Tuttavia, gli astrofili sanno che l'osservazione e la ripresa fotografica delle singole stelle non è appagante per il motivo che abbiamo già ricordato: qualsiasi telescopio si utilizzi, a prescindere dalla risoluzione raggiungibile, le stelle rimarranno sempre puntiformi. Data infatti l'enorme distanza da noi, ci appaiono con un diametro angolare che è centinaia, o addirittura migliaia, di volte inferiore alla risoluzione di ogni telescopio amatoriale.

Vediamo un esempio concreto. Il sistema stellare a noi più vicino è quello di *alfa* Centauri, costituito da tre stelle, delle quali Proxima è la più vicina, distante 4,23 anni luce. Considerando che un anno luce corrisponde a circa 9,5 mila miliardi di chilometri, essa dista circa 40 mila miliardi di chilometri dalla Terra. Supponiamo che abbia un diametro uguale a quello del nostro Sole (sappiamo però che non è così, poiché Proxima è una nana rossa, ben più piccola della nostra stella), pari a 1,4 milioni di chilometri. Calcoliamo il diametro angolare che il suo disco sottenderebbe, pari ad $\alpha = \arctan(D/d)$, che per angoli piccoli può essere approssimato ad $\alpha = D/d$, dove D è il diametro in chilometri della stella, d è la distanza in chilometri. L'angolo α risulta espresso in radianti; per trasformarlo in secondi d'arco occorre moltiplicare per il numero di secondi d'arco contenuti in un radiante, che sono 206.265. A conti fatti, verrebbe 0",007, un valore piccolissimo se confrontato con il potere risolutivo di un telescopio di 25 cm, che è circa 0,5 secondi d'arco!

Se queste sono le dimensioni angolari delle stelle a noi più vicine, figuriamoci le altre, le cui distanze sono dell'ordine di centinaia o di migliaia di anni luce. Solo con complicate tecniche professionali (interferometria) si sono potuti risolvere i dischi delle stelle più grandi e vicine, come Betelgeuse e Vega, ma si tratta di eccezioni e di immagini al limite delle possibilità tecnologiche dei più grandi strumenti del mondo.

In campo amatoriale queste tecniche non sono applicabili e quindi ogni stella apparirà sempre e soltanto come un puntino: non potremo mai avere informazioni in merito alla loro forma, o studiare eventuali macchie come facciamo per il nostro Sole. La loro ripresa, quindi, è poco attraente.

Le uniche riprese degne di nota di oggetti stellari si effettuano quando si trovano in sistemi multipli (stelle doppie, triple, quadruple...) o in agglomerati di almeno una decina di componenti (ammassi stellari). In questi casi cambia la filosofia dell'osservazione-ripresa rispetto a quella relativa agli oggetti del Sistema Solare: se nel caso dei pianeti e del Sole si studiano i fenomeni presenti nelle loro atmosfere e superfici, nel caso delle stelle si studiano semmai le proprietà cinematiche e di gruppo.

2.2 Le stelle doppie

Molte stelle nell'Universo non sono isolate, ma si trovano in sistemi gravitazionalmente legati che contano almeno due, spesso tre o più componenti. I sistemi multipli sono spettacolari da riprendere in alta risoluzione, con la tecnica *webcam* vista nel caso dei pianeti (vedi 1.0.3).

Le stelle doppie sono gli unici oggetti del cielo profondo la cui ripresa si effettua con le tecniche viste nel capitolo 1: esposizioni brevi, alta risoluzione, somma di molte singole immagini. Naturalmente, la tecnica è applicabile solo ai sistemi abbastanza luminosi, non oltre la magnitudine 9 se si utilizzano telescopi di 20-25 cm.

I sistemi più interessanti sono le cosiddette doppie strette, nelle quali due o più componenti sono separate da qualche secondo d'arco al massimo: esse rappresentano una vera e propria sfida per l'astrofilo e un severissimo test per le ottiche dello strumento. La risoluzione raggiungibile è all'incirca quella teorica imposta dal limite di Dawes ($R = 115/D$), dove R è la risoluzione in secondi d'arco e D il diametro dello specchio in millimetri, non a caso ricavato in base all'osservazione delle stelle doppie. In queste situazioni non contano il contrasto o la forma del dettaglio osservabile, visto che si tratta sempre di puntini non risolti.

Nel caso di componenti di luminosità simile, il limite per un telescopio di 25 cm è di circa 0,5 secondi d'arco alle lunghezze d'onda visibili. Occorre infatti tenere ben presente che la risoluzione dipende criticamente dalla lunghezza d'onda alla quale si lavora: riprendendo in infrarosso a 800 nm si avrà un potere risolutivo dimezzato rispetto a una ripresa nel blu-violetto, a 400 nm.

A questo punto si sarebbe tentati di utilizzare sempre un filtro blu-verde, anche per le riprese planetarie, per aumentare la risoluzione raggiungibile. Purtroppo però c'è sempre l'incognita della turbolenza, i cui effetti deleteri si fanno sentire tanto più quanto minore è la lunghezza d'onda a cui si osserva; spesso è necessario trovare un compromesso e quasi mai sarà possibile lavorare a lunghezze d'onda inferiori a 500 nm.

Per doppie non troppo strette e per serate con un po' di turbolenza, un filtro infrarosso può essere molto utile, mentre se si vogliono catturare anche i colori, alcuni dei quali veramente belli, occorre lavorare nel visibile e con un filtro blocca infrarossi. Per le doppie più difficili e strette si è obbligati a scendere con la lunghezza d'onda e ad attendere le serate con pochissima turbolenza. Fortunatamente, al contrario di quanto avviene con i pianeti, che ruotano piuttosto velocemente e che si rendono visibili ottimamente solo per poche settimane all'anno, la ripresa delle stelle doppie non risente di questi limiti ed è in un certo senso più facile. Si possono, ad esempio, raccogliere migliaia e migliaia di singole immagini in più serate e selezionare solamente quelle perfette, oppure attendere pazientemente le notti più favorevoli. Il numero di *frame* richiesti non è elevatissimo, poiché non serve mettere in luce dettagli dal debole contrasto, come per i pianeti.

L'elaborazione delle immagini si rivela spesso superflua, perché due stelle doppie risulteranno separate a prescindere dal tipo di elaborazione.

Le doppie più belle da riprendere sono Albireo, con una separazione di 34" e componenti di colore azzurro e rosso, Castore, nella costellazione dei Gemelli, Rigel, in Orione, la Polare. La doppia più famosa è il sistema di Mizar e Alcor, separabile già a occhio nudo nell'Orsa Maggiore. In realtà, questa è una doppia prospettica: le due stelle non sono legate gravitazionalmente e si trovano a distanze dalla Terra molto diverse.

Molto interessante è il sistema quadruplo di *epsilon* Lyrae, nella costellazione della Lira, la cosiddetta Doppia-Doppia. Le due componenti principali sono separate da 210", un ottimo test per l'occhio. Ognuna delle due stelle è doppia, con separazioni di circa 2",5, alla portata anche di un piccolo rifrattore di 80 mm.

2.2.1. Albireo, magnifica stella doppia nella costellazione del Cigno; le due componenti sono separate da 34" e hanno colorazioni molto diverse. La stella blu (a sinistra) mostra la figura di diffrazione, con il disco di Airy centrale, segno di qualità ottica dello strumento, collimazione e *seeing* ottimali. Telescopio di 23 cm e *webcam* Vesta Pro.

Nel cielo vi sono centinaia di stelle doppie e sta all'astrofilo andare alla ricerca dei sistemi più belli ed interessanti. La risoluzione raggiungibile dipende anche dalla differenza di luminosità tra le componenti del sistema; il valore teorico può essere raggiunto solamente se si hanno luminosità simili. Se la turbolenza atmosferica è minima, la risoluzione raggiungibile soprattutto con camere dalla dinamica superiore a 8 bit è persino migliore di quella teorica imposta dal limite di Dawes.

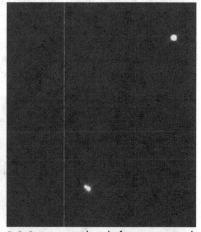

La possibilità di elaborare le immagini consente di migliorare la risoluzione raggiungibile di circa il 40%. Questo significa che uno strumento il cui limite teorico di Dawes è di circa 1" può raggiungere risoluzioni effettive di circa 0",60. A questo proposito, sarebbe interessante effettuare uno studio, utilizzando telescopi di piccolo diametro per minimizzare il disturbo dell'atmosfera terrestre e riprendendo stelle doppie di pari luminosità, per ricavare una nuova formula per la risoluzione delle stelle doppie (il limite di Dawes è stato ricavato da osservazioni visuali). Studi preliminari sui pianeti che ho condotto con diversi stru-

2.2.2. Mizar e Alcor, la famosa coppia di stelle dell'Orsa Maggiore, ben visibile già a occhio nudo: le due componenti sono separate di 11'. Mizar è a sua volta doppia, con componenti separate di 14",2.

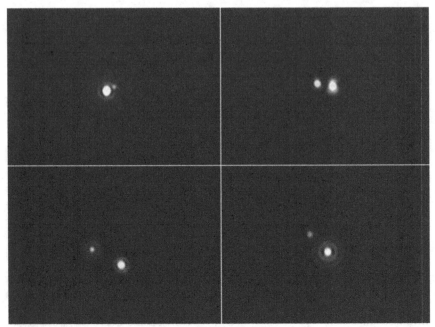

2.2.3. In alto a sinistra: *epsilon* Bootes, magnitudini 2,7 e 5,4, separazione 3". In alto a destra: *gamma* Leonis, magnitudini 2,2 e 3,4, separazione di 4",3. In basso a sinistra: Castore, nei Gemelli, magnitudini 1,9 e 2,9, separazione di 4",3. In basso a destra: *alfa* Herculis, magnitudini 3,5 e 5,4, separazione 4",6. Rifrattore acromatico di 80 mm e webcam Vesta Pro.

menti hanno portato a determinare una risoluzione, a 550 nm, con dettagli piuttosto contrastati (crateri lunari, macchie di albedo di Marte, macchie scure di Giove), ben rappresentata dalla relazione $R = 70/D$. È plausibile che questa valga anche per le stelle doppie di luminosità comparabile.

Quando la differenza di magnitudine tra le stelle è maggiore di 2, la risoluzione massima è circa la metà di quella teorica, a causa della luce diffusa dalla figura di diffrazione della stella più luminosa, che offusca la componente più debole. Alcune

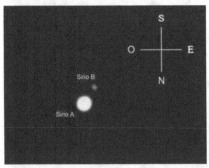

2.2.4. Sirio A e B separate alle lunghezze d'onda UV con un telescopio di 23 cm. Immagine ripresa il 13 marzo 2006.

doppie apparentemente facili, come Sirio, la stella più brillante del cielo, sono di difficoltà estrema a causa delle enormi differenze di luminosità in gioco. La componente principale di Sirio ha magnitudine −1,46, mentre la compagna, una piccola e debole nana bianca, ha magnitudine 8,2 alle lunghezze d'onda visibili; la separazione, che varia nel tempo, nel 2008 era dell'ordine di 7 secondi d'arco. Risolvere questo sistema doppio rappresenta una sfida per tutti gli astrofili interessati alla ripresa delle stelle doppie. È naturalmente impossibile riuscire a sdoppiare le stelle con una tale differenza di magnitudini in gioco, per un problema di natura ottica: con strumenti di 20-25 cm gli anelli di diffrazione di Sirio A si sovrappongono all'immagine della nana bianca (Sirio B).

Bisogna trovare un modo per diminuire le differenze di magnitudine tra le due stelle. Come possiamo fare? Sirio A e Sirio B sono stelle molto diverse. La nana bianca (Sirio B) è molto calda ed emette principalmente nell'ultravioletto; al contrario, Sirio A è una stella di Sequenza Principale di tipo spettrale A0, che alle lunghezze d'onda del vicino ultravioletto emette meno luce che nel visibile. Lavorando nel vicino ultravioletto possiamo ridurre il divario di magnitudini esistente e riprendere finalmente questo sfuggente sistema doppio.

2.3 Nebulose

Nella nostra Galassia, oltre ai miliardi di stelle, vi sono oggetti angolarmente estesi spesso più della Luna Piena e di natura diffusa, contenenti poche o nessuna stella. L'aspetto di questi oggetti all'osservazione visuale è simile a quello di una tenue nube sospesa nel cielo. Cosa stiamo osservando? Cosa sono questi oggetti così diversi rispetto alle stelle? La risposta la conosciamo bene, ma vale la pena mettere alla prova i nostri strumenti nel ripetere il lavoro imponente fatto da generazioni di astronomi per almeno due secoli. Possiamo riprendere alcuni di questi oggetti a diverse risoluzioni e profondità.

Uno sguardo a bassa risoluzione lungo la Via Lattea estiva in prossimità della costellazione del Cigno, con un filtro centrato sull'emissione dell'idrogeno ionizzato, ci fornisce un risultato come quello dell'immagine pubblicata in questa pagina. Il campo coperto da questa immagine ha una larghezza di circa 12° e

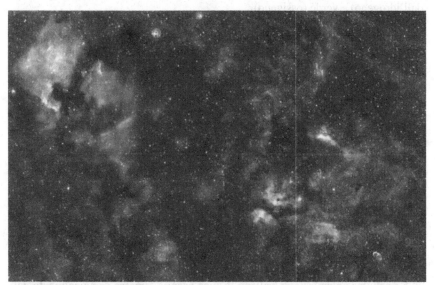

2.3.1. Una fotografia a largo campo di una regione nei pressi della costellazione del Cigno con un filtro centrato sull'emissione dell'idrogeno mostra ingenti quantità di gas che formano le nebulose a emissione, dette anche regioni HII.

un'altezza di circa 8° e rappresenta ciò che l'occhio vedrebbe se fosse sensibile alla finestra di emissione del gas.

Da questa immagine abbiamo già molte informazioni: questi oggetti diffusi sono composti da gas, principalmente idrogeno, perché emettono prevalentemente in una determinata riga (la H-alfa). Il gas si concentra nelle parti più dense della Via Lattea, principalmente lungo il disco, e deve avere una temperatura molto elevata, perché il meccanismo di emissione dell'idrogeno si attiva solamente attorno ai 10.000 K.

Questi oggetti sono dunque immense distese di gas. Scopriremo tra breve che ne esistono di diversi tipi, e ogni tipo svolge un ruolo ben determinato nel complesso scacchiere dell'Universo.

Le dimensioni delle nebulose variano da 1 anno luce (nebulose planetarie) fino a oltre 100 (nebulose oscure). Le diverse dimensioni sono un forte indizio del fatto che non sono tutte uguali, per il comportamento fisico-chimico e per il modo in cui vengono create. Le nebulose possono essere divise in cinque classi: a emissione, a riflessione, planetarie, resti di supernovae e nebulose oscure. Ogni gruppo ha caratteristiche peculiari che analizzeremo brevemente.

I punti in comune a ogni nebulosa sono:

- composizione chimica: principalmente idrogeno (oltre il 70%), elio (24%) e il resto ossigeno e tracce di altri gas e polveri (principalmente silicati);
- densità: il gas che le costituisce ha una densità media dell'ordine di 100 atomi (o molecole) ogni centimetro cubo (più rarefatto del più spinto vuoto che si può creare artificialmente sulla Terra).

Ad esclusione di quelle oscure, le nebulose sono oggetti brillanti e spettacolari; quelle a emissione, ad esempio, sono molto calde (circa 10.000 K) ed estese decine di anni luce: sono costituite da gas che emette luce principalmente rossa (prodotta dall'idrogeno) e verde (ossigeno).

Le nebulose, purtroppo, sono prive di colore all'osservazione visuale e piuttosto deboli, ben diverse dalle splendide visioni fotografiche (reflex o camere CCD, non *webcam* perché poco sensibili). Se volete osservare i colori delle nebulose, allora non vi resta che riprendere questi oggetti con camere a colori o, meglio, con camere monocromatiche effettuando pose con un filtro rosso (R), uno verde (G) e uno blu (B) e formando quella che si chiama tricromia RGB dall'unione delle tre riprese filtrate. Questa tecnica di ricostruzione delle immagini a colori a partire dall'unione di tre immagini in bianco e nero ottenute con filtri diversi è utilizzata da ogni apparato elettronico (tutte le fotocamere digitali) analogico (le vecchie pellicole) e fisiologico (la vista di tutti gli esseri umani e degli animali). Quello che cambia è solo il modo di acquisire le singole immagini e come vengono combinate.

2.3.1 Nebulose a emissione

Le *nebulose a emissione* sono sicuramente le più spettacolari da riprendere con qualsiasi telescopio e anche importanti palestre per affinare le tecniche di analisi dei dati contenuti in ogni immagine astronomica.

Le nebulose a emissione brillano di luce propria, emessa principalmente dall'idrogeno e dall'ossigeno ionizzati, cioè privati di almeno un elettrone e per questo motivo sono chiamate anche regioni HII, dove la lettera H indica l'elemento re-

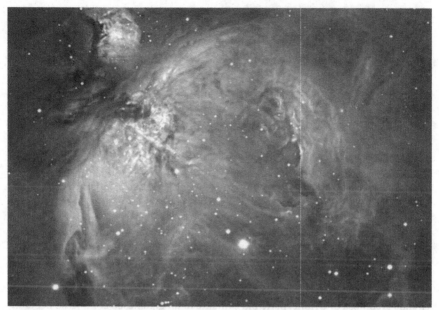

2.3.2. La grande nebulosa di Orione è una brillante nube di gas estesa per 35 anni luce, e distante 1500 anni luce. È visibile a occhio nudo, ma rivela la sua estensione e i suoi colori solo in fotografia. Mosaico di 10 immagini con camera CCD e telescopio di 23 cm.

sponsabile di gran parte dell'emissione, mentre il numero romano adiacente identifica lo stato dell'elemento: I se esso è neutro, II se è ionizzato una volta, III se ionizzato due volte e così via.

Il meccanismo di emissione è semplice da capire qualitativamente: la radiazione luminosa ultravioletta emessa dalle giovani stelle nate all'interno delle nebulose è così intensa che strappa gli elettroni al gas circostante, ionizzandolo. Gli atomi ionizzati dopo breve tempo recuperano l'elettrone perso; nel processo, che è detto *ricombinazione*, emettono luce di lunghezza d'onda ben definita, che dipende dalla specie atomica e dal livello energetico nel quale si posiziona l'elettrone catturato. Il processo di ricombinazione produce emissioni con ben determinate lunghezze d'onda, creando quello che si chiama *spettro a righe d'emissione*.

Le nebulose a emissione emettono a lunghezze d'onda che nel visibile sono principalmente tre: riga H-alfa dell'idrogeno a 656,3 nm (rosso), la più intensa; riga H-beta dell'idrogeno a 486,1 nm (azzurro); riga dell'ossigeno ionizzato due volte (OIII), a 500,7 nm (verde).

Ogni nebulosa a emissione contiene al suo interno qualche giovane stella di grande massa (almeno cinque volte maggiore di quella del Sole) ed elevata temperatura (oltre 10.000 K), in grado di emettere la radiazione ultravioletta necessaria ad "accenderla". Quando ciò non avviene, il gas può risplendere per riflessione, oppure non essere visibile affatto.

Sebbene l'osservazione visuale delle nebulose sia priva di dettagli e di colori attraverso qualsiasi telescopio (tranne rare eccezioni), la ripresa di questi oggetti con camere digitali è ricchissima di soddisfazioni e dettagli, impossibili da ammirare all'oculare di qualsiasi strumento.

2.3.3. Complesso nebulare nei pressi della nebulosa Rosetta. Obiettivo fotografico di 35 mm f/3,5 e filtro H-alfa.

2.3.4. La nebulosa California. Obiettivo fotografico di 35 mm f/3,5 e filtro H-alfa.

In cielo esistono decine di nebulose a emissione. Alcune, di dimensioni cospicue, possono essere osservate anche in galassie vicine, come M31 in Andromeda, M33 nel Triangolo e altre ancora. Il colore generalmente è tendente al rosso, poiché questa è la lunghezza d'onda in emissione più forte.

La nebulosa a emissione più famosa è sicuramente M42, nota anche come Grande Nebulosa di Orione, parte più brillante di un gigantesco complesso nebulare che copre tutta la costellazione.

M42 ha dimensioni di circa 35 anni luce, e in cielo sottende un'area quattro volte più estesa di quella della Luna Piena, con una magnitudine visuale di 4,5, che la rende ben visibile anche a occhio nudo come una debole stella sfocata, molto diversa da come appare anche con un semplice obiettivo fotografico di 50 mm.

2.3.2 Nebulose planetarie

Le *nebulose planetarie* sono oggetti piccoli, ma con un'elevata luminosità superficiale, quindi facili da osservare e riprendere in tutti i loro dettagli. Spesso hanno dimensioni angolari simili a quelle dei pianeti più grandi (Venere, Giove) e non di rado è richiesta una tecnica simile per la ripresa.

Se le nebulose a emissione sono testimoni di un recentissimo processo di formazione stellare, le planetarie sono l'atto finale dell'evoluzione di una stella con massa poco maggiore o simile a quella solare (non oltre 6-8 volte): giunte al termine della loro esistenza, tali stelle espellono le loro atmosfere nello spazio interstellare, mentre il loro nocciolo si comprime e si trasforma in una nana bianca. Una nana bianca è una stella collassata, di dimensioni simili a quelle della Terra, che emette ingenti quantità di radiazione ultravioletta (UV) respon-

2.3.5. La nebulosa planetaria NGC 3242, soprannominata Fantasma di Giove per la sua vaga somiglianza, nell'osservazione visuale, con il gigante gassoso del Sistema Solare. Telescopio Schmidt-Cassegrain di 23 cm f/6,3. Posa complessiva di 25m.

sabile della ionizzazione del gas espulso, il quale risplende per lo stesso processo fisico delle nebulose a emissione.

Solamente le planetarie a noi più vicine si rendono visibili, alcune apparentemente di aspetto stellare: servono lunghe focali per risolvere la loro forma e cogliere tutti i dettagli presenti nei loro piccoli dischi. Quelle osservabili con strumentazione amatoriale sono almeno un centinaio e su di esse si possono effettuare importanti studi statistici in merito a forma, luminosità, estensione angolare e distribuzione.

2.3.6. Nebulosa planetaria "Gufo" (M97) nell'Orsa Maggiore. Riflettore Newton di 25 cm f/4,8. Posa complessiva di 1 ora.

La forma è tipicamente sferica, ma non sempre; molto spesso si deve tenere conto degli effetti della proiezione sulla sfera celeste per risalire alla forma vera dell'oggetto osservato. Se, per esempio, una nebulosa planetaria è un guscio sferico di gas che si espande, l'osservatore terrestre vedrà una struttura a forma d'anello: questo perché il materiale che la linea visuale intercetta è più denso e opaco sui bordi della sfera che non al centro: una nebulosa ad anello, come può essere quella famosa nella costellazione della Lira (M57), è in realtà un guscio sferico. Trovare la vera forma tridimensionale di un corpo celeste diffuso, a partire dai dati bidimensionali, è uno dei problemi osservativi più difficili da risolvere.

L'utilizzo di filtri a banda stretta (vedi 3.2.1), soprattutto quelli centrati sulla linea H-alfa dell'idrogeno e su quella dell'ossigeno ionizzato due volte (OIII), può essere molto utile per enfatizzare dettagli difficilmente visibili, nonché per scurire

2.3.7. La nebulosa planetaria M57, nella Lira. Telescopio Newton di 25 cm f/4,8. Posa complessiva di 35m, più altri 30m per il colore (10m per ogni canale). Le nebulose planetarie sono abbastanza brillanti da poter essere riprese anche sotto cieli inquinati da luci; tuttavia, dettagli come quelli presenti in questa immagine possono essere ripresi solamente lontano dai centri abitati.

il fondo cielo e riprendere le parti meno brillanti: spesso, infatti, la reale estensione di questi oggetti è maggiore rispetto a quella mostrata da un'immagine non troppo profonda, o compromessa dall'inquinamento luminoso.

Alcune planetarie, come M27 e M57, mostrano un ampio alone, di colore rosso, costituito dagli strati superiori di gas espulsi dalla stella madre, che si rende visibile al centro della nebulosa.

2.3.3 Resti di supernova

Anche in questo caso, come nelle nebulose planetarie, il gas nebulare proviene da stelle morenti; è però diverso il processo che l'ha generato. Nelle prime, il gas viene rilasciato dalla stella centrale in modo relativamente tranquillo, mentre i resti di supernova sono il fruttto di un'immane esplosione di una stella originariamente decine di volte più massiccia del Sole: il fenomeno è detto *supernova* ed è caratterizzato da un rilascio energetico comparabile a quello di 10 miliardi di stelle come il Sole.

Il gas viene generalmente scagliato a velocità di migliaia di km/s e le temperature sono elevatissime. Mentre il guscio si espande, al centro della nebulosa resta un oggetto collassato delle dimensioni di una decina di chilometri, con una massa di poco maggiore di quella solare: si tratta di una stella di neutroni che, a seconda dell'orientazione del suo asse magnetico rispetto all'osservatore terrestre, può rivelarsi a noi come una *pulsar*, e che comunque si rende responsabile della ionizzazione del gas circostante.

Nel giro di qualche decina di migliaia di anni l'inviluppo di gas si sarà espanso, rarefatto e raffreddato a tal punto che non sarà praticamente più visibile: come le nebulose planetarie, anche i resti di supernova hanno una vita osservativa relativamente breve. Si tratta di oggetti nebulosi difficili da riprendere, che esibiscono le forme più disparate, in funzione della distanza alla quale si trovano, del tempo trascorso dall'esplosione, della densità e dell'omogeneità del mezzo interstellare che il gas in espansione incontra sul suo cammino. La velocità del gas è decine o centinaia di volte maggiore rispetto a quello delle nebulose planetarie.

Il resto di supernova sicuramente più famoso è M1, comunemente noto come Nebulosa Granchio, generato dall'esplosione di una stella distante 6500 anni luce, osservata nel luglio 1054 da astronomi cinesi. La luminosità della stella all'epoca dell'esplosione crebbe di miliardi di volte, tanto che l'oggetto si rendeva visibile anche in pieno giorno. Al centro della nebulosità che oggi possiamo ammirare, nascosta dal gas, resta una stella di neutroni che ruota su se stessa 30 volte al secondo ed emette radiazione su tutta la gamma dello spettro, dai raggi gamma alle onde radio.

2.3.8. Il resto di supernova denominato Velo del Cigno, ciò che resta di una stella esplosa circa seimila anni fa. Le sue dimensioni sono di oltre 3°. Obiettivo di 35 mm, camera CCD e filtro H-alfa.

Il cielo ospita anche resti di antiche supernovae, vecchi di molte migliaia di anni, che ormai si sono espansi fino ad occupare un'area di svariati gradi: è il caso della Nebulosa Velo, nella costellazione del Cigno, o degli immensi resti nella costellazione delle Vele, visibili solo dall'emisfero sud.

2.3.4 Nebulose a riflessione

Le *nebulose a riflessione* sono nubi gassose a temperature intermedie tra quelle delle regioni HII (circa 10.000 K) e quelle delle nebulose oscure (7-10 K) che si rendono visibili per la vicinanza di stelle o di ammassi stellari.

Le stelle avvolte in queste nubi non hanno abbastanza energia per ionizzare il gas e quindi non possono "accendere" una nebulosa a emissione. Tuttavia, la loro luce, mentre attraversa la nube, viene diffusa dalle polveri presenti, proprio come la luce del Sole viene diffusa dall'atmosfera terrestre e conferisce al cielo una colorazione azzurra. Il meccanismo fisico è del tutto simile: la luce della stella investe le polveri, che provvedono al processo di diffusione molto più efficacemente per la radiazione blu che per quella rossa, conferendo alla nube gassosa una tenue colorazione azzurro-blu. La luce della stella (o delle stelle) che la illumina viene leggermente attenuata e arrossata, mentre la nebulosa tende ad assumere le delicate colorazioni del cielo diurno terrestre e lo spettro è quello tipico stellare, di corpo nero.

2.3.9. La nebulosa Trifida è costituita da una parte ad emissione (rossa, in basso) e una a riflessione (blu, in alto). Unico il complesso gassoso, diversi i meccanismi che lo rendono visibile.

Non tutte le nebulose a riflessione sono però azzurre. Quando è una gigante rossa, fredda, ma luminosa, a illuminare queste nubi di gas, la luce diffusa ha una tenue colorazione arancio. Così avviene con le nebulosità attorno ad Antares, nella costellazione dello Scorpione.

Le nebulose a riflessione sono molto difficili da osservare anche nelle immediate vicinanze del nostro Sistema Solare per via della debolezza intrinseca al processo di diffusione, responsabile della luce visibile.

L'esempio più bello e spettacolare della volta celeste è costituito dall'estesa e tenue nebulosità che avvolge l'ammasso aperto delle Pleiadi, facile da riprendere anche con un obiettivo fotografico di 50 mm. Oggetti telescopici, eppure facilissimi da riprendere, sono M78, in Orione, e la parte settentrionale della Nebulosa Trifida (M20), nel Sagittario: in quest'ultima sono contemporaneamente presenti nebulose a emissione e a riflessione.

Quasi ogni nebulosa a riflessione ha una componente oscura, più o meno marcata. È ovvio che sia così: quando la luce delle stelle non basta a produrre una diffusione apprezzabile, la nube di gas e di polveri si fa opaca e risulta oscura.

2.3.5 Nebulose oscure

Le *nebulose oscure* sono nubi di gas e polveri molto più estese di quelle a emissione, estremamente fredde e più dense. La loro temperatura è dell'ordine di pochi Kelvin (7-10 K), vale a dire oltre −260 °C: costituiscono perciò uno degli ambienti astrofisici più freddi in assoluto. A causa della bassissima temperatura, questi giganteschi agglomerati di gas non emettono radiazioni visibili: v'è solo una debo-

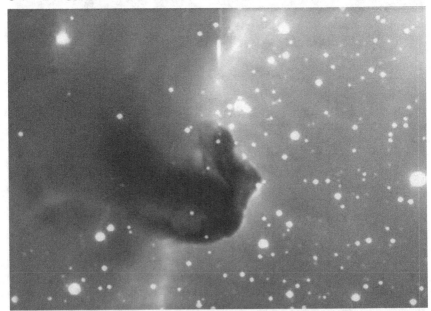

2.3.10. La nebulosa Testa di Cavallo è una nube oscura (Barnard 33) che si proietta sullo sfondo di una nebulosa a emissione appartenente al complesso di Orione. Telescopio Schmidt-Cassegrain di 23 cm f/6,3. Posa complessiva di 8 ore.

lissima emissione alle lunghezze d'onda
radio a 21 cm, il che rende la loro identificazione piuttosto difficile.

La composizione chimica è prevalentemente molecolare. Non è raro trovare
molecole come l'acqua (tra le più abbondanti dell'Universo), qualche zuc-
chero e persino idrocarburi. Una
componente non trascurabile è quella
delle polveri (principalmente silicati) re-
sponsabili dell'opacità della nube:
quando l'assorbimento della luce stellare è pressoché totale, si ha l'impressione che vi sia un "buco" nel cielo.

Dalle nebulose oscure nascono le
stelle che, una volta formatesi, ionizzano
il gas e lo fanno risplendere. Nel disco
della Via Lattea, così come nei dischi

2.3.11. Nebulose oscure nelle galassie a spirale: NGC 4565, che è vista esattamente di
profilo, mostra una spessa banda di polveri
lungo tutto il bordo del disco.

delle altre galassie a spirale, si osservano grandi concentrazioni di nubi oscure.

Non serve un telescopio per immortalarle. È sufficiente dare uno sguardo alla
Via Lattea estiva, anche solo a occhio nudo, per accorgersi delle immense bande
che attenuano in modo sensibile la luminosità delle stelle, originando apparenti
"spaccature" nel disco galattico. Esistono, naturalmente, anche moltissimi oggetti
telescopici, alcuni dei quali veramente curiosi: il caso più emblematico è costituito
dalla nebulosa detta Testa di Cavallo (Barnard 33), dove una nube fredda e oscura,
la cui forma richiama quella della testa di un equino, si staglia davanti a una brillante nebulosa a emissione facente parte della gigantesca regione HII di Orione.
Grazie allo sfondo particolarmente brillante, siamo in grado di ammirare per contrasto la nube oscura.

Questi oggetti sono molto facili da osservare nelle altre galassie, anche a distanze
enormi, poiché il contrasto con il disco luminoso è elevato. Tutte le galassie a spirale ospitano grandi nebulose oscure, che invece risultano quasi del tutto assenti
nelle ellittiche, ove la formazione stellare s'è interrotta miliardi di anni fa. La presenza di nebulose oscure e di polveri risulta essenziale ai fini della formazione di
nuove stelle: occorre infatti che ci sia grande abbondanza di gas e che la temperatura sia bassa affinché si inneschi il collasso gravitazionale. Quando poi la luce
delle stelle neonate riscalda e ionizza l'ambiente circostante, la nebulosa diventa
brillante, trasformandosi un una regione HII dalla tipica colorazione rossastra.

Alcune galassie a noi vicine, come M31 in Andromeda e M33, mostrano decine
e decine di nubi di gas che si stagliano sullo sfondo del disco. Altre galassie a spirale
che vediamo quasi perfettamente di taglio mostrano una fascia oscura che corre
lungo tutto il bordo del disco.

2.4 Ammassi globulari

Le stelle raramente nascono isolate; anzi, spesso si trovano raggruppate negli ammassi stellari, che possono essere globulari o aperti.

Gli *ammassi globulari* sono oggetti davvero spettacolari. A prima vista simili a

2.4.1. M4, nella costellazione dello Scorpione, è uno degli ammassi globulari più vicini (7200 anni luce) e appare molto brillante, pur non essendo particolarmente ricco di stelle. Ha dimensioni di 36' (maggiori di quelle della Luna Piena) e le componenti più luminose sono di magnitudine 10,8. Posa complessiva di un'ora; telescopio di 80 mm.

piccole nebulose planetarie, in realtà accolgono decine o centinaia di migliaia di stelle, che vengono ormai risolte con la tecnica digitale.

Le stelle degli ammassi globulari sono piuttosto deboli, tanto che visualmente occorrono strumenti di almeno 15 cm di diametro per osservarle; ciò perché si trovano generalmente a distanze ragguardevoli.

La gran parte dei globulari si colloca al di fuori del disco della Via Lattea, in una vasta regione sferica chiamata *alone*. Tutti (o quasi) sono oggetti antichissimi costituiti da stelle gravitazionalmente legate fra loro, raggruppate in uno spazio di qualche decina o centinaio di anni luce (valore medio 150). Si pensa che la Via Lattea abbia circa duecento ammassi globulari e non tutti sono stati ancora scoperti.

2.4.2. L'ammasso globulare M13 nella costellazione di Ercole dista 25mila anni luce dalla Terra ed è uno dei più belli e grandi da riprendere nell'emisfero boreale. Brilla di magnitudine 5,7 ed è visibile, seppure a fatica, anche a occhio nudo in un cielo molto scuro. Il suo diametro apparente è simile a quello della Luna Piena, mentre le dimensioni lineari sono di 170 anni luce. Date le notevoli dimensioni (23'), qui è stata utilizzata la tecnica del mosaico, unendo cinque immagini con esposizioni di 30m ciascuna. Le stelle più brillanti visibili in questa immagine sono di magnitudine 11,5, le più deboli di magnitudine 22. L'ottima risoluzione e la dinamica del sensore CCD hanno permesso di risolvere le singole componenti fino al denso centro dell'ammasso.

Un tipico ammasso globulare è un oggetto di forma sferica, con una concentrazione di stelle che al centro può arrivare a 1000 per parsec cubico (1 parsec = 3,26 anni luce), decisamente maggiore di quella di qualsiasi altro ambiente galattico.

Sono oggetti spettacolari da riprendere e anche da osservare visualmente. M13 ed M22 sono molto brillanti e, seppur a fatica, visibili anche a occhio nudo. Le loro stelle più brillanti hanno magnitudini attorno alla 11,5 e sono quindi alla portata anche di un comune teleobiettivo.

La ripresa degli ammassi globulari è particolarmente appagante se effettuata con il metodo HDR, cioè utilizzando riprese con alta dinamica, come richiesto dalla notevole differenza di luminosità tra le regioni centrali e quelle periferiche.

Con un telescopio di 20 cm, sotto un buon cielo, utilizzando un corretto campionamento, si può mettere in mostra l'intera struttura dell'ammasso, fino alle regioni centrali, rivelando migliaia di deboli stelle.

La popolazione stellare degli ammassi globulari è assai omogenea, praticamente la stessa per tutti, e quindi le luminosità apparenti delle singole componenti dipendono sostanzialmente dalle diverse distanze dalla Terra. Considerando che gran parte degli ammassi si trova a distanze comprese tra 10mila e 25mila anni luce, la luminosità delle stelle varia al massimo di una magnitudine, o poco più, ed è per questo motivo che gli strumenti di 20-25 cm riescono a risolvere tutti gli ammassi globulari della nostra Galassia.

Sui globulari della Via Lattea si possono effettuare studi in merito alla loro forma, alla densità e alla distribuzione sulla sfera celeste (proprio studiando la loro distribuzione fu possibile individuare la posizione del Sole nella nostra Galassia), oppure per scoprire proprietà e caratteristiche delle variabili pulsanti che sono presenti in gran numero al loro interno.

2.5 Ammassi aperti

Dalle grandi nubi oscure presenti nel disco della Galassia possono nascere decine o diverse centinaia di stelle gravitazionalmente legate fra loro, raggruppate in quelli che sono detti *ammassi aperti*. Rispetto agli ammassi globulari, questi ultimi sono morfologicamente e fisicamente molto diversi.

Gli astri degli ammassi aperti sono generalmente giovani: in essi si evidenzia la presenza di luminose stelle blu di tipo spettrale O-B, che nascono e muoiono nel giro di qualche decina di milioni di anni. Si trovano nei bracci a spirale delle galassie, che sono gli unici luoghi dell'Universo nei quali è ancora attiva la formazione di nuove stelle.

Gli ammassi aperti sono generalmente costituiti da qualche centinaio di stelle confinate in pochi anni luce di diametro, con una concentrazione molto minore rispetto a quella dei globulari. La loro vita all'interno del disco delle galassie è di breve durata e per niente tranquilla. Le stelle più luminose, quindi più massicce, evolvono in fretta, terminando in modo esplosivo la loro vita dopo qualche milione di anni; quelle meno massicce durano più a lungo, ma il destino dell'ammasso è comunque segnato. L'incontro con nubi molecolari e le esplosioni stellari alterano il precario equilibrio dinamico che tiene insieme le stelle. Entro qualche centinaio di milione di anni queste si disperdono: continueranno a vivere per altri miliardi di anni (quelle meno massicce) ma l'ammasso in quanto tale non esisterà più.

L'ammasso aperto a noi più vicino è quello dell'Orsa Maggiore, ormai quasi to-

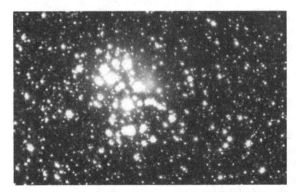

2.5.1. Le Pleiadi (M45), nella costellazione del Toro, sono l'ammasso aperto più famoso. Visibile facilmente a occhio nudo anche da un cielo non particolarmente scuro, l'ammasso ha un'età di circa 70 milioni di anni e risulta avvolto da una tenue nebulosità azzurra (nebulosa a riflessione). Date le notevoli dimensioni angolari, è un oggetto per teleobiettivi o piccoli telescopi.

talmente disperso, costituito dalle stelle più vicine al Sole, tra le quali Sirio. La nostra stella si trova a transitare in mezzo alla lunga coda di alcune sue componenti, ma non ne fa parte.

L'ammasso aperto dal quale si pensa nacque il Sole si è ormai dissolto ed è impossibile individuare le componenti, sparse ormai lungo tutto il disco galattico.

Poiché, dopo circa un miliardo di anni, un ammasso aperto si può considerare

2.5.2. NGC 869-884 (l'Ammasso Doppio del Perseo) è costituito da due ammassi aperti che ci appaiono prospetticamente vicini, benché l'uno disti alcune centinaia di anni luce dall'altro. Si tratta di due oggetti molto giovani, con un'età stimata intorno ai 5,6 milioni di anni per NGC 869 (in basso) e solo 3,2 milioni di anni per NGC 884. Le dimensioni sono di 30' ciascuno. Brillando di magnitudine 4,3, sono facilmente visibili a occhio nudo. Hanno molte stelle giovani e calde di tipo spettrale B. La ripresa di questi oggetti è spettacolare a corte focali, in accoppiata a reflex digitali o analogiche: le stelle sono troppo brillanti per i sensori CCD astronomici, che saturano, o producono strani e poco estetici effetti, come il *blooming*.

dissolto, quelli che possiamo osservare sono oggetti relativamente giovani; in generale, quanto maggiori sono la concentrazione e la presenza di stelle blu, tanto minore è l'età dell'ammasso.

Quasi tutti quelli che possiamo osservare sono oggetti vecchi di qualche decina di milioni di anni; uno dei più giovani è M45, le Pleiadi.

Gli ammassi aperti non sono oggetti prettamente telescopici, poiché hanno quasi sempre dimensioni superiori a quelle della Luna Piena, e quindi non entrano per intero nel ristretto campo dei sensori CCD. In compenso, la loro elevata luminosità (molti sono visibili a occhio nudo) ne fa un obiettivo per macchine fotografiche (digitali o su pellicola) munite di teleobiettivi.

Ripresi al telescopio non appaiono spettacolari, ma sono comunque interessanti per svolgere qualche lavoro di ricerca, come l'analisi fotometrica e la costruzione di diagrammi H-R, grafici che permettono di risalire all'età dell'oggetto e alle proprietà della popolazione stellare.

2.6 Le galassie

Tutti gli oggetti di cui abbiamo parlato finora fanno parte di un'immensa "isola" contenente centinaia di miliardi di stelle, migliaia di nebulose e centinaia di ammassi aperti e globulari, chiamata Galassia, o Via Lattea.

Nel disco della Galassia vi sono grandi oggetti diffusi di natura nebulare, generatori di stelle; queste, al termine della loro esistenza, formano resti di supernovae e nebulose planetarie.

Se dirigiamo il nostro telescopio lontano dal disco della Via Lattea, troviamo molti altri oggetti di natura diffusa, con un aspetto diverso rispetto alle classiche nebulose incontrate fino a questo momento. Questi oggetti sembrano distribuiti in modo abbastanza uniforme in tutto lo spazio e sono in numero anche superiore rispetto alle nebulose presenti nel disco. Anche le loro forme sono diverse da quelle delle nebulose presenti nella Via Lattea. Al loro interno non sembrano essere presenti stelle: sono aggregati gassosi, oppure oggetti così lontani – altre galassie simili alla nostra – che ci appaiono di natura diffusa solamente a causa dell'immensa distanza?

Questa domanda si pose agli scienziati dei primi anni del Novecento; la soluzione del rebus avrebbe dato una svolta epocale alla conoscenza dell'intero Uni-

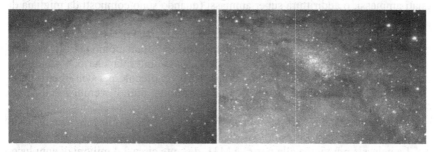

2.6.1. A sinistra, una ripresa a media profondità della "nebulosa in Andromeda" (M31) mostra un oggetto diffuso, privo in apparenza di stelle. A destra, una ripresa profonda ci permette di risolvere migliaia di stelle: non siamo di fronte a una nebulosa gassosa appartenente alla Via Lattea, ma a una galassia!

verso. Solamente Edwin Hubble, negli anni Venti, pose fine a quella che si era trasformata in un'accesa diatriba accademica da ormai qualche decennio.

Come riuscì il grande astronomo americano a scoprire la natura di queste peculiari "nebulose"? Scattando foto alla nebulosa in Andromeda e studiandole attentamente. Proviamoci anche noi con il nostro strumento, e vediamo cosa possiamo dire. Una foto a breve esposizione ci mostra quello che si osserva visualmente al telescopio, ovvero un oggetto di natura nebulosa. Una foto a esposizione più lunga, però, ci permette di scoprire qualcosa di più.

La nebulosa in Andromeda, se indagata in profondità, non si mostra affatto diffusa: contiene milioni di stelle. Quasi tutte le "nebulose" fuori dal disco della Galassia, comprese quelle con una curiosa forma a spirale, in realtà sono galassie contenenti centinaia di miliardi di stelle, numerosi ammassi stellari e nebulose, proprio come la Via Lattea.

La facilità con la quale abbiamo risolto le stelle della galassia di Andromeda è emblematica delle potenzialità della strumentazione amatoriale e del progresso degli ultimi decenni. Ecco allora un'altra sfida da raccogliere: quante galassie riuscite a risolvere con la vostra strumentazione? Vi do qualche indizio: guardate un'altra spirale molto vicina a noi e qualche satellite della Via Lattea, ben visibile anche nel nostro emisfero (provate a cercare nella costellazione del Leone).

Per essere consapevoli fino in fondo della portata della rivoluzione digitale, basti considerare che al tempo di Hubble, negli anni Venti del Novecento, era difficile ottenere immagini profonde come quelle oggi raggiungibili da uno strumento di 25 cm di diametro. L'astronomo americano fu il primo a risolvere stelle all'interno di M31, comprendendone la natura di variabili, utilizzando lo strumento più potente disponibile a quel tempo: un telescopio riflettore di 2,5 m di diametro, dieci volte più grande del nostro telescopio. Le emulsioni fotografiche avevano limiti difficili da superare. I risultati, con l'avvento del digitale, sono migliorati enormemente. In alcune delle stelle individuate Hubble riconobbe le variabili pulsanti Cefeidi, utili per stimare la distanza dell'oggetto, che risultò collocarsi molto oltre i confini della Via Lattea: era la prova concreta che M31 era un oggetto esterno alla Via Lattea.

Dopo la scoperta della natura extragalattica di M31, ben presto l'Universo si arricchì di galassie e crebbe esponenzialmente di dimensioni. Attualmente sappiamo che nell'Universo esistono miliardi e miliardi di galassie, alcune simili alla nostra, altre molto diverse, ma tutte hanno in comune una cosa: sono immensi aggregati di stelle e gas. Alcune galassie sono raccolte in gruppi più o meno grandi, denominati ammassi, o addirittura super ammassi (quando sono composti da migliaia di componenti).

Tra due galassie appartenenti a un ammasso mediamente denso esistono sterminati spazi praticamente vuoti, con densità minori di un atomo per metro cubo, contro i 10 atomi per centimetro cubo dello spazio interplanetario, 1 atomo per centimetro cubo degli spazi interstellari, e 10^{19} molecole per centimetro cubo dell'atmosfera terrestre al livello del mare. Si tratta, quindi, veramente di spazi vuoti e bui.

Nonostante siano raggruppate in ammassi, le distanze in gioco tra due galassie sono dell'ordine di qualche milione di anni luce.

La galassia più vicina alla nostra è M31, distante circa 2,4 milioni di anni luce, seguita da M33, nel Triangolo, a 2,5 milioni di anni luce. Con la nostra, queste due galassie fanno parte di un gruppo contenente circa una trentina di componenti, denominato Gruppo Locale.

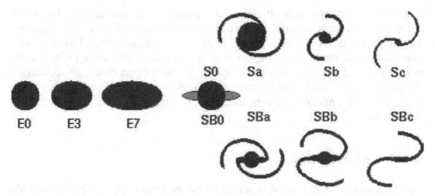

2.6.2. Diagramma a diapason di Hubble per la classificazione delle galassie. A sinistra le ellit-tiche, grandi e composte da stelle vecchie; a destra le spirali, a forma di disco sottile. Dentro le spirali vi sono numerose stelle giovani oltre che grandi quantità di gas caldo e freddo, assente nelle ellittiche.

Lo stesso Hubble studiò per molti anni la forma delle galassie, alla ricerca di una classificazione che permettesse di mettere in luce qualche proprietà e ben presto si accorse che la maggior parte poteva essere divisa in due grandi gruppi: ellittiche e spirali.

Le *galassie ellittiche* hanno forma ellittica, o sferica, e generalmente sono di grandi dimensioni, ricche di stelle vecchie e pressoché prive (o quasi) di gas, sia freddo che caldo, quindi senza formazione stellare apprezzabile.

Le *galassie a spirale*, al contrario, hanno la forma di dischi relativamente sottili (qualche centinaio di anni luce), estesi per decine o centinaia di migliaia di anni luce. All'interno del disco galattico si sviluppa una strana e curiosa struttura a spirale. I bracci di spirale contengono giovani e calde stelle blu che, sebbene in numero inferiore alle stelle giallo-rosse, grazie all'elevata luminosità intrinseca conferiscono al disco una tonalità azzurra.

Tutti i bracci di spirale convergono verso la zona centrale, chiamata *bulge*, ricca di stelle vecchie e di colore tendente al giallo-arancio.

Circa il 95% di tutte le galassie dell'Universo appartiene a questi due grandi gruppi. Il restante 3-5% venne classificato come irregolare: di esso fanno parte galassie interagenti, oppure dalla forma non appartenente a nessuna delle due precedenti classi.

Lo schema di classificazione di Hubble (1936), nella sua forma completa, prevede alcune suddivisioni interne alle due principali categorie galattiche, ellittiche e spirali.

Le galassie ellittiche mostrano infatti forme che vanno da un'ellisse piuttosto schiacciata a una sfera quasi perfetta. In base allo schiacciamento vengono suddivise in otto categorie, contraddistinte dalla sigla E (ellittica) e da un numero (0 per quelle sferiche e 7 per quelle con la maggiore eccentricità possibile).

Sulla stessa falsariga, le spirali sono classificate, in base alla forma, larghezza e numero dei bracci a spirale, in tre sottocategorie; inoltre vengono distinte le spirali classiche da quelle barrate, che presentano una barra al centro.

Le due grandi famiglie di galassie, ellittiche e spirali, sono piuttosto diverse quanto a dinamica, cinematica ed evoluzione.

Lo schiacciamento delle ellittiche, ad esempio, non è causato dalla forza centrifuga come conseguenza di un'ipotetica rotazione, perché il moto delle stelle non è coerente, come avviene nelle spirali: le stelle nelle galassie ellittiche non si muovono tutte nella stessa direzione, ma in modo casuale. Il discorso è molto diverso per le spirali, il cui disco ha assunto questa forma a causa dello schiacciamento dovuto alla rotazione. L'intera struttura ruota attorno al centro, sebbene non come un corpo rigido, ma con una rotazione differenziale, con la velocità dipendente dalla distanza dal centro.

2.6.1 I nostri vicini

Nelle immediate vicinanze (si fa per dire, qualche milione di anni luce!) della Via Lattea, vi sono decine di galassie, le quali, insieme alla nostra, costituiscono un agglomerato denominato Gruppo Locale.

Il Gruppo Locale è dominato da due grandi galassie a spirale, la Via Lattea e M31, in Andromeda. Terza, quanto a dimensioni e massa, M33, una spirale nella costellazione del Triangolo. Queste due galassie sono relativamente vicine a noi, circa 2,5 milioni di anni luce: un'enormità rispetto alle distanze terrestri, pochissimo su scala cosmica.

Nonostante la distanza, M31 e M33 sono visibili a occhio nudo da cieli scuri e occupano in cielo aree dieci volte maggiori rispetto alla Luna Piena. Ciò consente alla strumentazione amatoriale di studiare questi oggetti in modo pressoché unico: entrare letteralmente dentro di essi, risolvere stelle, nebulose, ammassi globulari e aperti, capire meglio anche come si comporta la nostra Galassia e rispondere a domande del tipo: è tipica? Gli oggetti contenuti sono diversi? Come sono distribuiti? Come si muove l'intero disco?

La galassia in Andromeda occupa un'area 16 volte maggiore di quella della Luna Piena, nonostante si trovi alla ragguardevole distanza di circa 2,4 milioni di anni luce. È una delle pochissime galassie in moto di avvicinamento alla nostra; la velocità di circa 140 km/s è il preludio a un gigantesco scontro cosmico che avverrà tra circa 3 miliardi di anni.

In effetti, il destino di M31 e della Via Lattea appare scontato, poiché sono in piena rotta di collisione: le due galassie probabilmente si fonderanno e daranno vita a una gigantesca galassia ellittica contenente oltre 1000 miliardi di stelle.

Nonostante l'effetto catastrofico che questo tipo di incontri possa avere nell'immaginario collettivo, la collisione tra due galassie non è un evento così traumatico. Le grandi distanze tra le stelle, soprattutto se paragonate alle loro dimensioni (decine di anni luce contro qualche milione di chilometri) fanno delle galassie ambienti sostanzialmente vuoti. Quando due galassie si incontrano, le collisioni tra singole stelle sono eventi estremamente improbabili e si possono verificare solamente in regioni particolarmente dense (le zone centrali): una collisione galattica è un evento molto diverso da ciò che suggerisce la parola nell'accezione quotidiana.

All'osservazione telescopica M31 si mostra ricchissima di dettagli: i suoi bracci di spirale sono facili da discernere, anche con un semplice teleobiettivo. Un telescopio di 20-25 cm, munito di camera CCD, permette di effettuare lavori di ricerca, analisi e *imaging* a livello quasi professionale. Il campo inquadrato da focali maggiori di 1 m è limitato, ma consente di entrare all'interno della galassia e scoprire un gran numero di dettagli.

La zona nucleare è luminosissima e ricca di nebulose oscure dalle forme più insolite, la cui abbondanza aumenta nelle zone del disco sottile, accompagnate da brillanti regioni HII e numerosi ammassi stellari. Sotto un cielo limpido si possono risolvere molte stelle brillanti; è il caso dell'ammasso aperto NGC 206, situato in uno dei bracci a spirale, composto da decine di giovani stelle blu con magnitudini intorno alla 17. Un telescopio di 25 cm, sotto un cielo buio, supera abbastanza agevolmente la magnitudine 22,

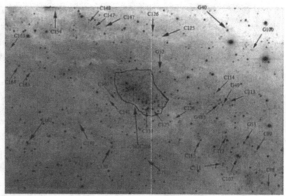

2.6.3. Alcuni oggetti visibili in uno dei bracci a spirale della galassia in Andromeda, al limite della magnitudine 22. Oltre alle nebulose oscure, sono visibili e segnalati gli ammassi globulari (G) e aperti (C). Al centro, NGC 206 è un gigantesco ammasso aperto, risolto nelle componenti più brillanti. La granulosità dell'immagine è dovuta alle migliaia di stelle della galassia.

valore che ai tempi della pellicola fotografica poteva essere raggiunto solo con aperture dieci volte superiori! Una ripresa profonda dei bracci di M31 è in grado di risolvere un gran numero di stelle di magnitudine 20-21. L'intero aspetto della galassia vi sembrerà granuloso: questo è dovuto alla luce delle migliaia di stelle contenute nel campo.

Stesse considerazioni osservative per l'altra galassia a noi molto vicina: M33, una spirale di dimensioni minori della Via Lattea, distante 2,5 milioni di anni luce e vista quasi perfettamente di fronte.

Abbiamo già accennato al fatto che il disco di questi oggetti è relativamente sottile, tanto che quando vengono osservati di fronte, cioè con inclinazione di 90°, appaiono quasi trasparenti e poco appariscenti. M33 è un classico esempio di questo tipo. La galassia ha una luminosità superficiale molto bassa ed è difficile da osservare nonostante sia relativamente vicina, quindi brillante nel suo complesso.

D'altra parte, la possibilità di ammirarla "dall'alto" consente di mettere in luce molti dettagli nei suoi bracci a spirale poiché la densità del materiale, a causa della prospettiva, è minore che in M31, che ci appare quasi di profilo.

Il solito telescopio di 25 cm permette di risolvere in stelle gran parte dell'immagine galattica: i bracci a spirale sono ricchissimi di brillanti stelle azzurre, di nebulose oscure, ammassi aperti, imponenti regioni HII. Alle lunghezze d'onda blu-violette i bracci sono molto contrastati e ricchi di chiaroscuri dovuti alle giganteschi nubi molecolari, mentre il rigonfiamento centrale (*bulge*) appare debole e indistinto. In rosso-infrarosso si rendono evidenti le regioni HII e il nucleo.

M33 è un esempio tipico di questa classe di oggetti. Ogni spirale può essere suddivisa in tre parti: il disco, contenente i bracci, il rigonfiamento centrale e l'alone, popolato dagli ammassi globulari.

Le colorazioni contrastanti del disco e del *bulge* sono sintomo di caratteristiche fisico-morfologiche profondamente diverse. Nei bracci di spirale è presente molto gas, sia caldo (regioni HII brillanti) che freddo (nubi molecolari oscure). La pre-

2.6.4. La galassia a spirale M33 nel Triangolo, la più vicina dopo M31, ci appare molto estesa, oltre tre volte il diametro lunare, ma estremamente debole e poco contrastata.

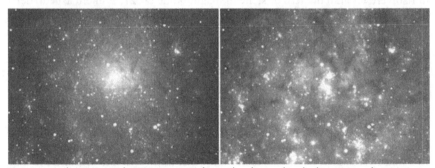

2.6.5. La galassia a spirale M33 ripresa a diverse lunghezze d'onda: l'immagine di sinistra con un filtro rosso-infrarosso, quella a destra con un filtro violetto-UV. Il campo inquadrato è lo stesso; non così l'aspetto della galassia.

senza di un buon numero di stelle blu, che hanno vita breve, costituisce la prova che in queste zone galattiche c'è un'intensa attività di formazione stellare. Nel centro è presente pochissimo gas, sia caldo che freddo, e le stelle sono principalmente gialle. In queste zone, la formazione stellare è assente, o molto ridotta, e vi si trovano solo stelle molto vecchie, con età dell'ordine del miliardo o più di anni.

Perché questa netta distinzione tra due zone appartenenti alla stessa galassia?

Ecco una delle numerose domande che ancora cerca una risposta del tutto convincente; intanto, abbiamo avuto la prova di come si possano fare osservazioni scientifiche analizzando semplicemente le informazioni contenute nelle nostre immagini.

2.7 Galassie a spirale

Le galassie a spirale sono sicuramente gli oggetti del cielo profondo più belli e soprattutto interessanti da osservare. Le diverse forme e inclinazioni consentono decine e decine di combinazioni e per quante galassie possiate riprendere, non ve ne saranno mai due esattamente uguali.

La tecnica digitale, applicata a economici telescopi amatoriali, rende possibili indagini serie e profonde in merito alla loro struttura e composizione chimica. L'astronomo amatoriale del ventunesimo secolo non dovrebbe limitarsi ad ammirare le meraviglie del cielo, ma piuttosto dovrebbe porsi domande su cosa osserva, sull'aspetto dell'immagine appena catturata, sul significato più profondo di queste bellissime strutture cosmiche. Le potenzialità della tecnica digitale sono veramente notevoli e bisogna cercare di sfruttarle tutte.

Le galassie a spirale sono un laboratorio per mettere alla prova le potenzialità del proprio strumento, nonché le capacità tecniche dell'astrofilo. Riprendere la struttura delle maggiori visibili (M51, M101, M81) è molto più facile che riprendere una nebulosa o un ammasso globulare; tuttavia, riuscire a carpire tutti i dettagli che il vostro strumento è in grado di offrire è molto più difficile, e a volte serve anche un po' di ingegno. Così, se volete mettere in mostra le regioni nebulari (HII) potreste utilizzare un filtro rosso o, ancora meglio, un H-alfa. Se, invece, volete mettere in risalto la struttura a spirale, dominata dalla luce UV-blu delle grandi stelle O-B, allora un filtro ultravioletto o blu vi farà entrare letteralmente nei bracci di alcune galassie e scoprire trame complicatissime di stelle, ammassi stellari e nebulose oscure (vedi 3.2).

Quando osservate le spirali di profilo, esse vi appariranno di una curiosa forma

2.7.1. La galassia M101, detta "Girandola" per la forma a spirale quasi perfetta. Sono evidenti i bracci, le numerose regioni HII e le nebulose oscure. Il *bulge* centrale è costituito da stelle vecchie. Telescopio Newton di 25 cm f/4,8. Posa complessiva di 3h.

2.7.2. Tipiche galassie a spirale particolarmente brillanti. Da sinistra a destra, dall'alto in basso: NGC 7331 con le sue numerose galassie satelliti; M81, grande angolarmente come la Luna Piena; M64, detta "Occhio nero", con i bracci strettamente avvolti e molto deboli; NGC 6946, evanescente; M65, vista quasi di profilo; M74, la spirale perfetta.

2.7.3. M51, detta Whirlpool ("Vortice"), forse la spirale più bella di tutto il cielo, contornata da un grande e debole alone stellare forse generato dalla passata interazione con la compagna NGC 5195 (a sinistra) che solo per un gioco prospettico sembra collegata ad essa tramite uno dei bracci. Telescopio Newton di 25 cm f/4,8. Posa complessiva di 2,5h. Per ottenere un risultato come questo occorre operare sotto un cielo molto scuro, con magnitudine limite almeno intorno alla sesta.

allungata, con una banda scura che le divide a metà: le state guardando lungo il piano del disco galattico, che è molto sottile. Il *bulge* centrale vi apparirà di forma sferica. I bracci a spirale, sotto questa angolazione, non saranno visibili e la galassia sembrerà un oggetto totalmente diverso dalla descrizione che ne abbiamo dato fino ad ora. In compenso, poiché la luminosità dell'intera galassia promana da una superficie poco estesa, questi oggetti appariranno molto più luminosi e definiti rispetto alle galassie viste di fronte.

È veramente affascinante rendersi conto che queste e

2.7.4. La galassia a spirale M104, detta anche "Sombrero". Al telescopio appare ricca di dettagli, sia nel disco che nell'alone, attorno al quale si distribuiscono numerosi ammassi globulari, visibili nell'immagine come deboli puntini luminosi. Telescopio Newton di 25 cm f/4,8. Posa complessiva di 7h sotto un cielo scuro, con magnitudine limite visuale pari a 6,2.

molte altre caratteristiche delle galassie sono alla portata della strumentazione amatoriale. I nostri telescopi possono riprendere dettagli di pochi chilometri sui pianeti brillanti, tenui trame nelle maggiori nebulose, i bracci di spirale delle galassie, stelle, ammassi e nebulose fino a distanze di svariati milioni di anni luce. Fare astronomia in questi anni significa davvero scoprire il Cosmo, prendendo consapevolezza dell'Universo e di tutte le meraviglie che esso contiene, finalmente osservabili con i nostri occhi.

2.8 Galassie ellittiche

Le galassie ellittiche costituiscono circa il 20% della popolazione galattica sinora nota. Sono oggetti molto diversi dalle spirali, a cominciare dalle dimensioni: è ellittica la maggior parte delle galassie nane (anche satelliti della Via Lattea e di M31), che popolano l'Universo in gran numero, così come ellittiche sono le giganti al centro dei più grandi ammassi, come quello della Vergine.

Il nucleo è generalmente molto luminoso; quanto alle dimensioni, le ellittiche non sembrano avere confini netti, con la distribuzione stellare che sfuma lentamente nel fondo cielo, proprio come in alcune nebulose a emissione.

Riprendendo immagini a colori, possiamo verificare come questi oggetti siano tendenzialmente di tonalità giallo-arancio. Alle lunghezze d'onda blu ci appaiono piuttosto deboli e soprattutto non mostrano alcun dettaglio al loro interno.

L'osservazione delle galassie ellittiche non è appagante come quella delle spirali. Probabilmente si tratta degli oggetti telescopici meno interessanti da riprendere con sensori digitali, poiché raramente si possono mettere in luce dettagli. Le ellittiche più facili da riprendere sono, senza dubbio, le due principali satelliti di M31, denominate M32 e M110, molto diverse tra loro.

2.8.1. Due galassie ellittiche, rispettivamente M86 (a sinistra) e M84 (a destra), nell'ammasso della Vergine. I diametri sono rispettivamente di 120mila e 80mila anni luce; la forma è quasi sferica.

M32 è piccola, quasi sferica (E2), e apparentemente molto concentrata, tanto da apparire di aspetto quasi stellare; essa è infatti classificata come ellittica compatta (cE). M110 ha forma allungata (E5-6 nella sequenza di Hubble) e sembra appartenere alla classe delle sferoidali nane, benché sia peculiare: la sua luminosità superficiale sembra essere troppo elevata per questa classe di oggetti, e presenta all'interno una notevole concentrazione di gas freddo.

Un'altra galassia ellittica piuttosto interessante e facile da osservare è la gigante M87, nel cuore dell'ammasso della Vergine. Questa galassia ospita nel nucleo un gigantesco buco nero tre miliardi di volte più massiccio del Sole, responsabile dell'emissione di un getto di gas (vedi immagine 2.8.4) esteso decine di migliaia di anni luce, che risplende per emissione di sincrotrone, ossia per l'interazione tra elettroni relativistici (che si muovono a velocità prossime a quella della luce) e il campo magnetico. Tale radiazione si dice non-termica perché non è collegata in alcun modo alla temperatura, a differenza di quella di corpo nero. M87 è una delle galassie ellittiche più grandi dell'Universo, con un diametro di circa 120mila anni luce, poco superiore

2.8.2. M87, ellittica gigante con una folta schiera di ammassi globulari. Telescopio Schmidt-Cassegrain di 23 cm e camera CCD.

a quello della Via Lattea. Tuttavia, grazie alla sua forma sferica, occupa un volume molto maggiore di una galassia a spirale di pari diametro, e si pensa contenga qualcosa come 2700 miliardi di stelle.

M87 è circondata da molte migliaia di ammassi globulari, di cui diverse centinaia alla portata di un telescopio di 25 cm, munito di camera CCD. Sicuramente è la galassia ellittica più luminosa, grande e ricca di dettagli, ma ve ne sono molte altrettanto interessanti. Si possono trovare

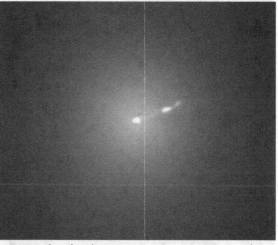

2.8.3. Dal nucleo di M87 promana un enorme getto di gas emesso dal buco nero centrale di 3 miliardi di masse solari.

galassie ellittiche in orbita attorno ad altre, come satelliti, oppure nel cuore di ammassi di galassie. Si pensa che la loro formazione (almeno per le giganti) avvenga per accrescimenti e/o fusioni tra galassie minori.

2.9 Galassie irregolari e peculiari

Tre galassie su cento dell'Universo osservabile non sono classificabili all'interno degli schemi visti finora e vengono indicate genericamente come *irregolari*. Fu lo stesso Hubble a creare questa categoria, che accoglie gli oggetti esclusi dalle due grandi famiglie delle spirali e delle ellittiche.

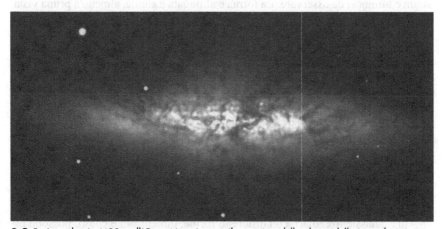

2.9.1. La galassia M82, nell'Orsa Maggiore, è il prototipo della classe delle irregolari. La sua forma è allungata come quella delle spirali, ma non si distingue alcun braccio o banda di polveri equatoriale. Telescopio di 23 cm f/10. Posa complessiva di 4 ore.

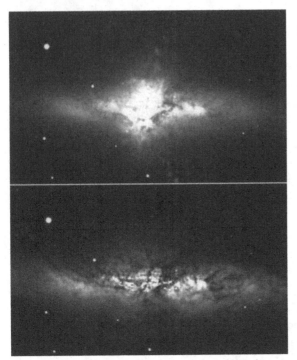

2.9.2. M82 ripresa con un filtro rosso (in alto) e blu (in basso). Il filtro blu registra la luce delle stelle giovani e calde, mentre il rosso quella del gas caldo e delle zone nucleari, più ricche di stelle vecchie e di colore giallo-rosso.

Le galassie irregolari non rappresentano un gruppo omogeneo con proprietà comuni. La classe richiede studi approfonditi e una catalogazione più accurata. Si tratta spesso di oggetti dalla forma allungata, perlopiù piccoli, ricchi di stelle azzurre, quindi giovani e calde. La massiccia presenza di gas freddo e di gas caldo alimenta l'intenso processo di formazione stellare che è in atto al loro interno.

Alcune galassie irregolari sono satelliti della Via Lattea e visibili anche a occhio nudo; è il caso delle Nubi di Magellano, la cui visione è però riservata agli osservatori dell'emisfero australe. Sfortunatamente, ad eccezione di queste, le galassie irregolari non sono un obiettivo facile per i telescopi amatoriali a causa della loro scarsa luminosità.

La capostipite di questi oggetti è sicuramente M82, la galassia irregolare per eccellenza. È detta anche Galassia Sigaro, ed è uno degli oggetti più interessanti, strani e luminosi da osservare. La forma è allungata e simile, almeno a prima vista, al disco delle spirali, ma il profilo e le regioni interne sono notevolmente disturbate dalla massiccia presenza di trame scure dovute a gas freddo e polveri. In M82 sembra mancare totalmente la sottile e ben delineata linea di polveri tipica dei dischi galattici visti di profilo.

Anche le regioni nucleari sono particolarmente interessanti. Mancano un *bulge* e un nucleo ben definito: solo a prima vista M82 è simile a una spirale; in realtà, ne è ben diversa. Se osservata alle lunghezze d'onda rosse, la regione centrale mostra un dettaglio spettacolare: perpendicolarmente al piano della galassia si diramano due getti, molto evidenti in luce H-alfa, quindi composti sicuramente da gas caldo, principalmente idrogeno. Alle lunghezze d'onda blu la trama di polveri e gas appare con il massimo contrasto e con la massima estensione.

M82 continua ad essere una delle galassie più osservate e studiate sia dagli astrofili che dai professionisti, per le sue caratteristiche uniche, tra le quali un elevatissimo tasso di formazione stellare, nettamente maggiore rispetto a tutte le spirali.

Altre galassie irregolari, con differenti forme, dimensioni e colori, possono essere ammirate spesso negli ammassi e/o in prossimità di ellittiche o spirali. Capire se la forma delle galassie irregolari è influenzata dagli effetti gravitazionali di oggetti vicini oppure se si tratta di una proprietà intrinseca non è facile. Sicuramente la vicinanza di un'altra galassia può aiutare a chiarire le idee, ma non bisogna dimenticare che la vicinanza potrebbe essere solo prospettica come spesso accade soprattutto quando si effettuano riprese profonde.

Le regioni più interessanti dove cercarle si trovano in prossimità delle grandi spirali (M63, M51, M81, M101). Sono di luminosità molto bassa, ma la tecnologia digitale permette ormai di scovare tranquillamente oggetti oltre la magnitudine 18. Basta osservare con attenzione e non fermarsi ad ammirare la bellezza delle galassie in primo piano.

Un ottimo banco di prova è proprio M51: una ripresa profonda mostrerà numerose galassiette irregolari circondare l'imponente spirale.

2.10 Galassie interagenti

Le galassie non passano la loro esistenza restando isolate dal resto dell'Universo. Vale invece il contrario: una percentuale elevata si pensa abbia avuto, stia avendo, o avrà interazioni, o veri e propri scontri con altre galassie. Spesso, la forma delle galassie è influenzata e modellata dalle interazioni gravitazionali: secondo le più recenti teorie, infatti, si pensa che le ellittiche giganti, che popolano le zone centrali degli ammassi, siano il risultato dello scontro, e successiva fusione, di due o più galassie a spirale.

Le galassie interagenti sono oggetti molto interessanti, benché siano poche quelle abbastanza brillanti: per questo, fino a pochi anni fa studiarle e riprenderle era fuori della portata dell'astronomo dilettante. Fortunatamente le cose sono cam-

2.10.1. Le "Antenne" sono la coppia più famosa e spettacolare di galassie interagenti. Le due spirali sono nella fase di fusione, che sarà completata tra qualche decina di milioni di anni. A causa degli enormi spazi vuoti tra le stelle di ogni galassia, le collisioni non sono così catastrofiche come si potrebbe pensare: le singole stelle non si scontrano quasi mai. Il risultato di questa fusione sarà probabilmente una gigantesca galassia ellittica.

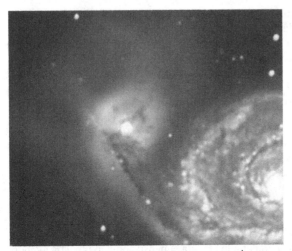

2.10.2. M51 e la compagna NGC 5195. La seconda è posta dietro la principale: l'ha attraversata qualche milione di anni fa. L'interazione gravitazionale ha prodotto un vasto alone stellare.

biate e gli astrofili oggi hanno l'opportunità di studiare questi spettacolari sistemi stellari.

La coppia più interessante (e luminosa) è costituita dalla galassia M51 e dalla sua compagna. L'interazione di questi due oggetti ha prodotto un alone stellare diffuso e modificato uno dei bracci di M51, la cui forma, comunque, appare ancora piuttosto regolare. Non si può dire lo stesso della piccola compagna NGC 5195, che ha perso, a causa delle forze di marea, parte delle stelle e della sua forma originale.

Le "Antenne" (NGC 4038-39), nella costellazione del Corvo, sono di gran lunga le più belle da ammirare e rappresentano l'esempio ideale di fusione tra due sistemi. I loro dischi sono (prospetticamente) vicini; se effettuate riprese profonde potrete ammirare due bellissime code, molto estese, formate principalmente da giovani stelle azzurre. Fra qualche decina di milione di anni queste due galassie formeranno un unico oggetto, probabilmente una gigantesca galassia ellittica.

M82, già prototipo della classe di galassie denominate amorfe, è unica nell'Universo finora esplorato. Un tempo, gli astronomi che la osservarono alle lunghezze d'onda rosse ritennero si trattasse di una galassia in esplosione; successivamente, si è capito che l'interazione con la vicina M81 ha innescato un violentissimo processo di formazione stellare, con la conseguente modificazione dell'intera struttura. Gli imponenti getti di gas provenienti dal nucleo, già descritti nelle pagine precedenti, sono stati espulsi dalle stelle e dalle numerose supernovae esplose nelle zone centrali. Una ripresa profonda nel rosso mostra grandi nubi di gas sparse lungo tutto il disco galattico; davvero uno spettacolo per ogni appassionato.

2.10.3. Il Quintetto di Stephan: quattro galassie in interazione gravitazionale, con la quinta (la più luminosa, al centro del gruppo) che è vicina solo per effetto prospettico.

Il Quintetto di Stephan è un lontano gruppo di ga-

lassie, in mutua interazione, nella costellazione di Pegaso ed è oggetto di intensi
studi da parte della comunità astronomica mondiale. Almeno tre delle cinque
galassie sono in evidente interazione
gravitazionale, tanto che sono state scoperte anche vere e proprie onde d'urto
tra una galassia e l'altra. Risultano evidenti, anche nelle immagini amatoriali,
almeno due distinte code mareali.

Merita sicuramente una particolare attenzione la galassia PGG 54559, un piccolo oggetto di magnitudine 16 nella
costellazione del Serpente (la testa), in-
dicata anche come Galassia di Hoag. È
la più brillante galassia ad anello visibile
nei nostri cieli, con una forma particola-
rissima ed evidente con un telescopio di

2.10.4. La Galassia di Hoag, una galassia ad
anello, è un oggetto molto particolare. Si pensa
che si sia formato in seguito allo scontro frontale
con una galassia di più ridotte dimensioni. Oggetti di questo tipo hanno vita breve e perciò
sono piuttosto rari.

25 cm e camera CCD. Nonostante la sua debolezza e la mancanza dei tipici dettagli
galattici ai quali siamo abituati, è veramente un'emozione osservare un oggetto
così peculiare. Se lo si riprende ad alta risoluzione, oltre all'anello risulteranno visibili anche alcune deboli disomogeneità, poiché il materiale di cui è costituito
(stelle e gas) non è distribuito in maniera uniforme. Una ripresa a colori mostrerà
anche la differente colorazione tra il nucleo (giallo) e l'anello, tendente all'azzurro.

Queste sono solo alcune delle galassie interagenti; ma in cielo ne esistono molte
altre, che sta a noi scoprire. Quando si osservano code mareali, evidenti distorsioni,
oppure anelli e grandi bande scure di polvere nelle galassie ellittiche, allora si può
stare certi di assistere a uno scontro galattico in corso, oppure avvenuto da poco,
da qualche centinaio di milioni di anni. Quanti scontri cosmici è in grado di mo-
strarvi il vostro telescopio? Divertitevi a scoprirlo.

2.11 Ammassi di galassie

Sono poche le galassie dell'Universo isolate dalle altre. Nel capitolo precedente
abbiamo visto come, spesso, esse entrino in collisione o addirittura si fondino. Questo perché generalmente le galassie si addensano negli ammassi, gruppi di oltre 50
componenti. E gli ammassi di galassie sono a loro volta parte dei cosiddetti supe-
rammassi, concentrazioni di galassie estese centinaia di milioni di anni luce.

Il Superammasso Locale, di cui facciamo parte, è dominato dall'ammasso della
Vergine, distante circa 60 milioni di anni luce.

La materia nell'Universo, sotto l'azione della forza di gravità, tende sempre a riunirsi
in gruppi, siano essi formati da stelle (gli ammassi stellari, all'interno delle singole galassie) o da galassie. Nella prima metà del XX secolo si pensava che, date le enormi distanze, ogni galassia fosse un universo-isola a sé stante, isolato da ogni altro oggetto; in
realtà, questa convinzione era dovuta alle limitazioni dei nostri occhi e della nostra mente,
che non riuscivano a vedere e concepire oggetti e spazi così vasti.

La ripresa di un ammasso di galassie è assolutamente spettacolare, poiché in un campo
di circa mezzo grado potreste identificare oltre trenta galassiette, in gran parte ellittiche.

2.11.1. Il cuore dell'ammasso di galassie della Vergine, distante 60 milioni di anni luce, con le ellittiche giganti M84 (in alto a destra) e M86. La Via Lattea e il Gruppo Locale si stanno dirigendo verso di esso alla velocità di circa 200 km/s. L'ammasso della Vergine è composto da circa duemila galassie e fa parte di un immenso agglomerato, il Superammasso Locale. Obiettivo Zeiss da 135 mm f/3,5 e camera CCD. Posa complessiva di 4 ore.

L'ammasso più spettacolare da osservare è quello della Vergine, sparso su un'area celeste di diverse decine di gradi, al confine tra le costellazioni del Leone e della Vergine, contenente circa duemila componenti dominate da tre ellittiche giganti poste nel centro: M84, M86 e M87. La sua forza di gravità sta risucchiando a sé la Via Lattea, distante oltre 60 milioni di anni luce, alla velocità di 200 km/s.

Una ripresa a campo largo (almeno mezzo grado) delle zone centrali è in grado di mostrare diverse decine di componenti, alcune visibilmente disturbate dall'attrazione gravitazionale delle maggiori.

Non troppo lontano dall'ammasso della Vergine (ma solo prospetticamente) si trova un altro

2.11.2. L'ammasso di galassie della Chioma di Berenice è costituito da un migliaio di galassie, molte delle quali di tipo ellittico. Un telescopio di 25 cm ne mostrerà almeno qualche centinaio.

grande ammasso, quello della Chioma di Berenice, dal nome della costellazione nella quale è proiettato. Denominato anche Abell 1656, è distante circa 330 milioni di anni luce e contiene un migliaio di componenti; le più brillanti sono galassie ellittiche giganti di magnitudine 13-14, ben entro la portata di qualunque strumento equipaggiato con camere CCD astronomiche. Data la distanza, esso ci appare molto più concentrato di quello della Vergine, quindi più spettacolare, a patto di effettuare riprese abbastanza profonde.

Gli abitanti dell'emisfero australe possono gettarsi anche dentro l'ammasso della Fornace, a circa 200 milioni di anni luce da noi, contenente solamente un centinaio (o poco meno) di componenti.

2.12 Ai confini dell'Universo: i quasar

La parola *quasar* fu coniata nel secolo scorso quando si scoprirono sorgenti quasi puntiformi come le stelle che però emettevano un'energia pari a quella di mille galassie. I quasar, dall'inglese *quasi-stellar object*, sono tra gli oggetti più energetici e tuttora misteriosi dell'Universo, fonte di numerose diatribe anche aspre nella comunità astronomica. Tutti i quasar osservati si trovano in zone remote dell'Universo, distanti almeno qualche miliardo di anni luce. Ciò significa che queste sorgenti estremamente energetiche erano particolarmente attive miliardi di anni fa e ora non lo sono più, visto che nelle nostre vicinanze non se ne osservano.

Fisicamente si tratta di nuclei estremamente brillanti e attivi di remote galassie, di buchi neri con una massa centinaia di milioni di volte maggiore di quella solare che fagocitano enormi quantità di materia. La loro luminosità è così elevata da oscurare la circostante galassia, che viene osservata con difficoltà dai telescopi professionali.

Il più brillante dei quasar è il 3C373, nella costellazione della Vergine, non troppo distante dall'omonimo ammasso (con il quale tuttavia non ha alcuna relazione!), di magnitudine 12,8. Dal suo nucleo esce un getto di materia che può essere messo in luce anche con strumentazione amatoriale. Questa sorgente quasi puntiforme è distante circa 3 miliardi di anni luce.

Per anni 3C273 è stato l'oggetto più distante raggiungibile con strumentazione amatoriale, ma le cose dopo l'avvento delle camere CCD sono molto cambiate e adesso è solo il più luminoso dei quasar che possiamo riprendere.

Se riusciamo a raggiungere la magnitudine 20, facile anche da cieli inquinati da luci, possiamo spingerci fino a distanze di oltre 12 miliardi di anni luce, quando l'Universo era nato da circa 2 miliardi di anni.

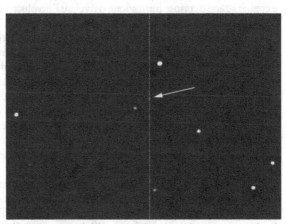

2.12.1. Un quasar di magnitudine 18,7 distante 12,5 miliardi di anni luce. Si tratta di uno degli oggetti più lontani alla portata di strumenti amatoriali.

Sebbene l'osservazione sia priva di dettagli e spesso l'immagine risultante sia confusa e "rumorosa", si prova un'incredibile emozione nel riprendere e osservare sul proprio computer l'immagine di un oggetto la cui luce ha attraversato per molti miliardi di anni gran parte dell'Universo osservabile.

I quasar sono una classe particolare di oggetti, classificati genericamente come AGN, cioè nuclei galattici attivi, che identificano quei nuclei galattici, spesso appartenenti a galassie a spirale, particolarmente brillanti, quindi fonti di enormi energie.

2.13 Ai limiti della strumentazione amatoriale

Abbiamo visto come un telescopio amatoriale ci permetta di osservare oggetti come i quasar, ai confini dell'Universo osservabile, a oltre 12 miliardi di anni luce di distanza. È la dimostrazione del progresso tecnologico intervenuto negli ultimi anni e di cosa è in grado di offrire la strumentazione amatoriale nell'osservazione e nello studio del nostro Universo.

Spesso si ignorano le reali possibilità del proprio telescopio, una volta che venga accoppiato ai dispositivi di ripresa digitale, e si ha la tendenza ad accontentarsi delle riprese di pochi oggetti senza sperimentare quale sia il reale limite della propria strumentazione. In realtà, le potenzialità sono enormi e ai più sconosciute.

Aumentando la focale di ripresa (fra 1,2 e 2 m) e allo stesso tempo spingendo i tempi di esposizione ai limiti imposti dallo stato del cielo (che deve essere estremamente scuro), possiamo riprendere nebulose oscure, brillanti regioni HII, ammassi globulari e aperti, dischi di polveri, zone di formazione stellare, getti relativistici di gas appartenenti a galassie distanti decine di milioni di anni luce dalla nostra. Possiamo indagare da vicino i loro nuclei, nei quali risiedono imponenti buchi neri che inglobano enormi quantità di gas. Possiamo misurare la reale estensione di queste immense isole di stelle e magari scoprire che esiste un gigantesco alone stellare azzurro esteso molto oltre il diametro dei bracci di spirale (è il caso delle galassie M77 e M51).

Se poi puntiamo la nostra attenzione verso oggetti a noi più vicini, possiamo osservare stelle in formazione nella nebulosa di Orione, oppure zone in cui gas e polveri si uniscono e creano strane e curiose formazioni, o rivelare l'involucro esteso e dalla forma particolare della nebulosa ad anello M57.

Le riprese in alta risoluzione degli oggetti del profondo cielo sono molto più difficili da effettuare rispetto a quelle planetarie, e si deve adottare una tecnica completamente diversa, poiché è necessario raggiungere la maggiore profondità possibile.

Grazie alle piccole dimensioni dei *pixel* dei moderni sensori CCD, non è necessario operare a focali eccessive per avere visioni ad alta risoluzione, considerando che il *seeing* medio molto raramente scende sotto 1",5. Un telescopio di 23 cm, usato alla focale di 2,3 m (f/10), e una camera CCD con *pixel* da 9 μm permettono di raggiungere già la risoluzione massima consentita dal *seeing*, con un campionamento di 0",79/*pixel*. Un tale *setup* consente di raccogliere potenzialmente moltissime informazioni in merito alla natura degli oggetti del cielo profondo.

Non limitatevi, quindi, ad effettuare riprese con strumenti a corta focale. Se avete un supporto (montatura) stabile cercate di riprendere con una risoluzione maggiore. Non limitatevi ad avere una visione d'insieme dell'oggetto di vostro interesse, sfruttate al massimo i vostri strumenti. Grazie all'elevata sensibilità delle moderne camere CCD, potrete effettuare riprese molto profonde anche con rapporti focale f/10, notoriamente poco adatti a tale scopo.

2.13.1 La magnitudine limite

Spesso si è dell'opinione che le camere CCD consentano di effettuare riprese ottime anche da cieli cittadini; questo non è vero, a meno di utilizzare filtri a banda molto stretta, adatti però solo a certi tipi di nebulose (vedi 3.2.1). È certamente vero che, se paragonata alla pellicola o alle reflex digitali, la resa delle camere CCD da zone con elevato inquinamento luminoso è nettamente superiore e porta a risultati che con la pellicola si possono ottenere solo dalle zone più buie del pianeta (vedi 3.7.9), ma sicuramente ancora non si sfrutta in pieno tutto il potenziale della propria strumentazione. Sotto un cielo scuro, con magnitudine limite intorno alla sesta e un *seeing* di 2", è possibile raggiungere tranquillamente la magnitudine limite 23, che può diventare la 24 con un *seeing* leggermente migliore e un cielo ancora più scuro, valori utopistici fino a pochi decenni fa anche per i più grandi strumenti professionali.

La magnitudine limite raggiungibile con ogni sensore di ripresa, se si utilizzano tempi di posa abbastanza lunghi, è determinata dal *seeing*, dalla luminosità del fondo cielo e dalla dinamica del sensore.

Evitiamo discorsi lunghi e tediosi e facciamo un paio di semplici esempi.

Consideriamo una combinazione focale-*seeing*-dimensioni dei *pixel* tale che la luce di ogni stella cada esattamente su un *pixel* (questo è impossibile in realtà) e che ad esso corrisponda una dimensione angolare di 1". Se il cielo fosse perfettamente scuro non si avrebbero limiti alla magnitudine raggiungibile poiché basterebbe aumentare il tempo di posa e catturare sempre più fotoni. In realtà, anche il cielo più scuro del mondo ha una luminosità superficiale di magnitudine 22 ogni secondo d'arco quadrato: questo significa che una superficie quadrata con lato di 1 secondo d'arco ha una luminosità pari alla magnitudine 22 (nel visibile). Cosa succede quando, ad esempio, si inquadra una stella di magnitudine 23? Essa sarà ancora visibile, poiché la sua luminosità si sommerà a quella del fondo cielo: se Y è la luminosità del cielo e X è quella della stella, con un valore qualsiasi, la luminosità totale sarà X+Y= Z (si sommano i flussi luminosi, non le magnitudini!).

Questa semplice operazione vale per qualsiasi valore del fondo cielo e stellare. Una stella di magnitudine 25 su un fondo cielo di magnitudine 22 sarà visibile se il mio strumento di ripresa riesce a discriminare differenze di luminosità inferiori a 7 centesimi di magnitudine, perché tale è la differenza di magnitudini tra il fondo cielo puro e la combinazione fondo cielo + stella (magnitudine totale 21,93). La possibilità per un sensore di individuare piccole differenze di luminosità è quantificata dal suo *range dinamico*.

Un sensore CCD a 16 bit permette, in condizioni ottimali, di discriminare luminosità intorno a 1/100 di magnitudine e questo significa che potrebbe rivelare idealmente stelle 100 volte (5 magnitudini) più deboli della luminosità superficiale del fondo cielo.

Ora complichiamo l'esempio inserendo il *seeing*, un campionamento che non corrisponde esattamente a 1 secondo d'arco ogni *pixel*, con relativo aumento della luminosità di soglia. Se osservo sotto un cielo con magnitudine superficiale pari a 22, ma con un campionamento di 2"/*pixel*, la superficie di cielo che ora ogni *pixel* raccoglie è quattro volte maggiore e la corrispondente magnitudine sarà minore di 1,5 unità, ossia sarà di 20,5 mag/*pixel*. Naturalmente, la magnitudine superficiale del cielo non varia, perché non dipende dal tipo di sensore o dal campionamento: ciò che determina la magnitudine limite è la luminosità totale del cielo su ogni *pixel* e questo sì dipende dal campionamento utilizzato (e quindi dalle dimensioni dei *pixel* e dalla focale del telescopio).

Possiamo complicare a piacere il nostro esempio: così, un *seeing* che non fa cadere perfettamente la stella su un solo *pixel* produce una diminuzione della magnitudine limite raggiungibile, in funzione della dimensione apparente del disco stellare che investe il sensore e di come si distribuisce la sua luce (generalmente una curva chiamata gaussiana). In pratica, è molto difficile che la magnitudine limite raggiungibile sia più di 2,5-3 magnitudini maggiore di quella del fondo cielo.

Tenendo conto che la qualità media del cielo italiano non è elevatissima, e quasi mai si va oltre la magnitudine 21,5 ogni secondo d'arco quadrato, la magnitudine limite massima con strumenti amatoriali si aggira intorno alla 24. Un valore più realistico, tenendo presente la qualità non sempre eccelsa del *seeing*, dei telescopi, dell'inseguimento, della messa a fuoco, è intorno alla 23, non dipendente dal tempo di esposizione.

Naturalmente, dalla città, o con la Luna Piena, non è raro trovare cieli con magnitudine superficiale pari a 17,5-18, con conseguente limite posto circa a magnitudine 20.

Questi sono i cosiddetti valori di saturazione, poiché dipendono principalmente dallo stato del cielo e non dal tempo di esposizione.

Se al posto di una camera CCD utilizziamo una reflex digitale o, ancora peggio, una vecchia fotocamera a pellicola, il loro *range* dinamico nettamente inferiore impedisce di distinguere variazioni di luminosità migliori di 5/100 (reflex) e 1/10 (pellicola) di magnitudine, limitandosi quindi ad andare al massimo 1-1,5 magnitudini oltre la luminosità del fondo cielo: è questo uno dei motivi della superiorità delle camere CCD progettate per gli scopi astronomici, rispetto a tutti gli altri sensori nelle riprese del profondo cielo.

2.13.2 All'interno delle nebulose

Alcune nebulose occupano in cielo un'area decine di volte superiore a quella della Luna Piena. Le abbondanti regioni HII presenti nella Via Lattea possono essere indagate a fondo per scoprire intricate trame, studiare la distribuzione del gas al

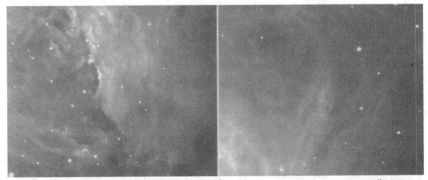

2.13.1. All'interno della Nebulosa di Orione (M42) si notano complicate trame gassose. Nell'immagine a sinistra si possono osservare tenui condensazioni luminose: si tratta di stelle appena nate. Il Telescopio Spaziale "Hubble" ha rivelato anche l'esistenza di probabili sistemi planetari in formazione.

loro interno (attraverso l'analisi del loro colore), individuare piccole regioni di formazione stellare o addirittura planetaria, come nella grande nebulosa di Orione o nella nebulosa Laguna (M8).

A un normale strumento di 25 cm, con focale di 1,5 m, utilizzato con una camera CCD che fornisce un campo di circa 15×11', sono richieste una decina di immagini per poter coprire l'estensione della nebulosa di Orione. Non si tratta di uno svantaggio, perché in questo modo potrete mettere in mostra singoli dettagli e andare oltre la visione d'insieme, bella ma inflazionata, e comunque povera di informazioni aggiuntive.

La lunga focale, quindi l'alta risoluzione alla quale si riprende, unita alla sensibilità delle camere CCD (che comunque devono essere usate sotto cieli bui, se non si utilizzano filtri a banda stretta), permette di indagare anche oggetti più piccoli ed elusivi come le nebulose planetarie e i resti di supernova.

Due esempi molto chiari sono la Nebulosa Granchio (M1) e la planetaria ad anello nella Lira (M57). I risultati ottenibili con uno strumento amatoriale sono di livello semi-professionale e permettono sia di indagare a fondo la natura (spesso complicata) di questi bellissimi oggetti, sia di disporre di riprese fotografiche fuori dai comuni schemi.

Nel gennaio del 2008 un astrofilo ha addirittura scoperto una nuova nebulosa nel Cigno, analizzando le riprese profonde attorno alla nebulosa Crescent. Qualche anno prima, un altro astrofilo, con uno strumento di 114 mm, ha scoperto una nuova nebulosa nella costellazione di Orione. Controllate sempre le vostre immagini, poiché possiedono una profondità mai raggiunta dalle *survey* che hanno scandagliato il cielo catalogando tutti gli oggetti attualmente conosciuti, condotte ormai alcune decine di anni fa su supporto chimico.

2.13.2. La Nebulosa Granchio è ricca di filamenti di gas caldo che si espandono alla velocità di qualche migliaio di km/s. L'osservazione ripetuta nel tempo (almeno dieci anni) consente di apprezzare il loro moto espansivo. Un filtro rosso, o H-alfa, e una ripresa in alta risoluzione ne mettono in mostra diverse decine. Telescopio Schmidt-Cassegrain di 23 cm f/6,3 (con riduttore di focale) e camera CCD. Posa complessiva di 2,3 ore.

2.13.3. Il vero aspetto della nebulosa ad anello M57, nella Lira. Esposizioni brevi mettono in evidenza solo l'anello più luminoso. Pose lunghe sotto cieli trasparenti rivelano un magnifico alone gassoso, formato principalmente da idrogeno espulso dalla stella centrale migliaia di anni fa. Telescopio newtoniano di 25 cm f/4,8. Posa complessiva di 1 ora. Le prestazioni di uno Schmidt-Cassegrain di 23 cm e di un Newtoniano di 25 cm sono praticamente identiche, se si utilizzano sensori non troppo grandi.

2.13.3 All'interno delle galassie

Nonostante l'enorme distanza, nelle galassie a spirale, almeno quelle più vicine, possiamo ammirare oggetti molto particolari, come regioni HII o ammassi stellari, se osserviamo sotto un cielo scuro e con strumenti di focale maggiore di un metro.

Le stelle più brillanti di M31 e M33, nel Triangolo, sono di magnitudine 18, alla portata di un telescopio di 20 cm sotto cieli non particolarmente scuri. Potrete risolvere quasi com-

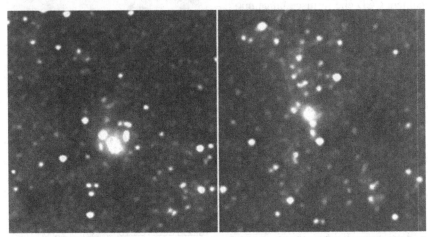

2.13.4. Nebulose a emissione nella galassia M33 (nel Triangolo) alle quali sono associati giovani e imponenti ammassi aperti. I bracci di spirale delle galassie sono ricchi di nebulose, alcune di cospicue dimensioni e facilmente osservabili con telescopi amatoriali. Le numerose stelle conferiscono un aspetto granuloso alle immagini.

2.13.5. Nelle spirali viste quasi di profilo, come M104, si nota una sottile banda scura di polveri che taglia in due il disco: stiamo guardando lungo i bracci, proprio come accade quando osserviamo la Via Lattea estiva. Osservando bene il disco di M104 si possono notare anche sottili linee sopra la banda scura; si tratta di polveri e di gas freddo, presenti in gran quantità in ogni galassia a spirale. Il gas freddo è ingrediente necessario per i processi di formazione stellare. Telescopio Schmidt-Cassegrain di 23 cm. Posa totale di 7 ore.

2.13.6. La galassia in Andromeda è troppo estesa per le focali telescopiche. Questa ripresa ad alta risoluzione mostra le sottili linee delle nebulose oscure che si stagliano sul brillante sfondo stellare. Molti degli oggetti apparentemente stellari osservabili nell'immagine appartengono alla galassia (principalmente sono ammassi globulari e aperti). Telescopio Newton di 25 cm f/4,8. Posa complessiva di 2 ore.

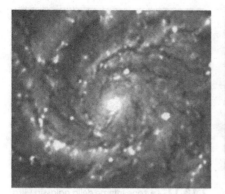 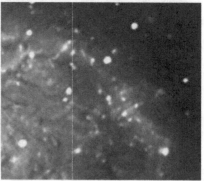

2.13.7. Il nucleo della galassia M101, una spirale osservata perfettamente di fronte. Sono visibili decine di fini dettagli: dai bracci alle numerose zone HII luminose. Il nucleo è povero di stelle giovani e blu: nelle foto a colori appare di colore giallo.

2.13.8. Concentrazioni nebulari e stellari su uno dei bracci di M101. Nonostante la distanza di 18 milioni di anni luce, le stelle più brillanti sono facili da riprendere con telescopi di 25 cm e camere digitali progettate per usi astronomici.

pletamente le galassie se riuscirete ad arrivare a una magnitudine limite intorno alla 23.

Un telescopio di 25 cm, utilizzato sotto un cielo scuro (magnitudine limite visuale almeno 6), permette di raggiungere tali profondità con circa mezz'ora di esposizione. Se utilizzato a una focale adeguata (superiore al metro), consente di entrare nel cuore delle galassie e, proprio come capitò a Edwin Hubble nel secolo scorso, scoprire la reale natura di questi oggetti.

A prescindere dalla divisione nelle tre classi di Hubble, ogni galassia appare diversa dalle altre, sia per la forma che per la distribuzione delle stelle, che per l'inclinazione sotto la quale è vista.

Le galassie a spirale possono apparire come sottili dischi tagliati a metà da polveri e

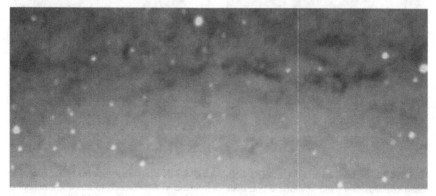

2.13.9. Nubi oscure nella galassia in Andromeda. Questa immagine mostra la presenza di gas freddo e di polveri che oscurano la luce stellare, proprio come succede nella nostra Via Lattea. Per questa e per le due immagini successive sono stati utilizzati un telescopio Newton di 25 cm f/4,8 e la solita camera CCD astronomica (SBIG ST-7XME). Per ottenere queste profondità e risoluzioni occorrono cieli molto scuri, esposizioni di almeno 2 ore, un *seeing* buono e una meccanica molto precisa.

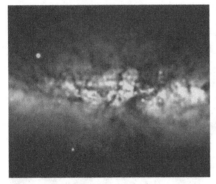

2.13.10. Il cuore della galassia irregolare M82 rivela un complicatissimo intreccio di gas e polveri. Maggiore è il gas freddo, maggiore è in generale il tasso di formazione stellare. In effetti, M82 è la galassia attualmente conosciuta che produce il maggior numero di nuove stelle. La risoluzione raggiunta è qui di circa 1″,5, al limite dei cieli italiani. Posa complessiva di 2 ore.

2.13.11. Le zone interne della galassia Girasole (M63) rivelano condensazioni stellari e nebulari nei suoi numerosi e stretti bracci di spirale. Telescopio Newton di 25 cm f/4,8. Posa complessiva di 6 ore. Per sfruttare tutte le potenzialità del proprio strumento occorrono camere CCD progettate per applicazioni astronomiche. Le reflex digitali restituiscono risultati gradevoli solo su oggetti estesi e brillanti; non sono però adatte per studi scientifici.

gas, oppure presentarsi come bellissime girandole, mostrando nei loro bracci stelle, gas caldo, intricate trame causate da gas freddo e polveri, e imponenti ammassi stellari formati principalmente da stelle blu, molto giovani e luminose.

Le regioni ad emissione HII (idrogeno ionizzato) sono tra le più appariscenti. Per staccarle meglio rispetto ai bracci, potrete trovare utile un filtro H-alfa, dello stesso tipo che si utilizza per riprendere le nebulose (da non confondere con i filtri H-alfa solari, vedi 3.2.1).

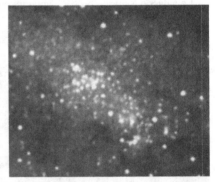

2.13.12. La galassia a spirale NGC 253, nella costellazione dello Scultore, è una delle più belle e interessanti da riprendere. Questa immagine in alta risoluzione mostra la zona centrale e le numerose nebulose, sia oscure, sia brillanti, presenti nel suo disco. Telescopio Schmidt-Cassegrain di 23 cm f/10. Posa complessiva di 5,5 ore.

2.13.13. L'ammasso aperto NGC 206 nella galassia in Andromeda (distante 2,4 milioni di anni luce) è particolarmente brillante, tanto da poter essere ripreso anche con semplici teleobiettivi. Per risolverlo nelle singole componenti occorrono riprese profonde e in alta risoluzione, come questa, con magnitudine limite di circa 22 e risoluzione (reale) di circa 2″.

Con questo setup potrete letteralmente mappare la distribuzione delle nebulose a emissione all'interno delle spirali a noi più vicine, entro una sfera di circa 100 milioni di anni luce.

Alcune galassie, nonostante l'enorme distanza, mostrano getti di gas che fuoriescono dal nucleo, come nel caso dell'ellittica gigante M87, contornata da migliaia di ammassi globulari, molti dei quali accessibili ai nostri telescopi e visibili come oggetti puntiformi.

Riuscire a riprendere nebulose, ammassi aperti, globulari e persino le stelle in oggetti distanti milioni di anni luce ha un fascino davvero unico e finalmente è alla portata della strumentazione amatoriale. Nelle prossime pagine avrete qualche esempio di

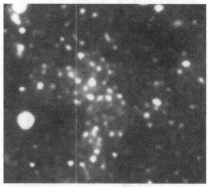

2.13.14. Un giovane e brillante ammasso aperto in uno dei bracci a spirale di M33, galassia a noi relativamente vicina (2,5 milioni di anni luce). Esposizione totale di 8,5 ore.

quello che si può riprendere all'interno delle galassie più vicine; oltre all'informazione estetica e d'impatto, le immagini possono costituire un'ottima base per sviluppare un lavoro di ricerca scientifico, ad esempio sulla forma e distribuzione degli ammassi o delle nebulose all'interno delle galassie, alla ricerca di qualche regola con la quale la Natura ha deciso di plasmare questi meravigliosi oggetti cosmici.

2.13.4 Aloni galattici

I confini delle galassie ellittiche non sono mai netti, al contrario di quelli delle spirali. Non di rado, però, possiamo imbatterci in piacevoli sorprese.

Esponendo le nostre camere CCD per almeno un'ora, sotto cieli molto scuri, possiamo letteralmente ridisegnare il perimetro e la forma di alcune galassie, anche molto note tra gli appassionati di astronomia. Alcune spirali, infatti, mostrano giganteschi aloni stellari estremamente deboli, spesso di colore tendente all'azzurro, indice della presenza di stelle calde, massicce e quindi giovani, nate da pochi milioni di anni.

In generale, gli aloni stellari, che possono assumere dimensioni ben superiori a quelle

2.13.15. Immagini profonde di alcune galassie a spirale al limite della magnitudine 22: a sinistra M94, a destra M95. La profondità raggiungibile e i dettagli rilevabili sono migliori di quelli mostrati da alcuni famosi cataloghi del passato, come il DSS.

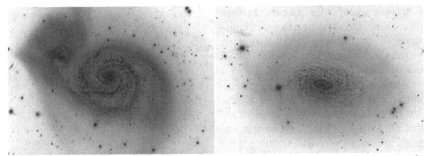

2.13.16. Aloni stellari attorno a M51 (a sinistra) e a M63. Riprese così profonde sono scientificamente utili perché rivelano i veri confini di alcune galassie e alcune proprietà nascoste. La presenza di aloni è generalmente associata a interazioni passate o presenti con altre galassie.

disco galattico, sono indice di una qualche interazione gravitazionale attuale o comunque recente con altre componenti che si sono allontanate o sono state fagocitate.

Nel paragrafo sulle galassie interagenti (vedi 2.10) abbiamo spiegato come le collisioni galattiche siano la norma nell'Universo; per questo non deve stupire che molte di esse portino i segni dell'interazione con una o più componenti. Ciò, d'altra parte, non significa che esse abbiano subito una collisione; a volte un incontro ravvicinato, o la presenza di galassie massicce poste anche a un milione di anni luce, può provocare effetti gravitazionali per nulla trascurabili.

2.14 Profondo cielo senza telescopio

Per conoscere e studiare le meraviglie del nostro Universo a volte non è necessario un telescopio.

Benché questo libro prenda in considerazione le applicazioni possibili con uno stru-

2.14.1. La costellazione di Orione ripresa con una normale fotocamera digitale compatta. Spesso, tale tipo di fotografia, detta in parallelo, perché di solito si montano i dispositivi di ripresa in parallelo a un piccolo telescopio posto su una montatura equatoriale, viene intrapreso solamente da chi è alle prime armi ed è sottovalutato da chi ha buone nozioni di fotografia telescopica. In realtà, la fotografia a grande campo è una branca a sé stante della fotografia astronomica, che permette di realizzare lavori di altissimo livello, con strumentazione generalmente modesta e tecniche relativamente semplici.

2.14.2. Complesso nebulare nella costella- zione dell'Unicorno. La nebulosa brillante a si- nistra è la Rosetta. Obiettivo di 35 mm f/3,5 e filtro H-alfa da 10 nm. Posa complessiva di mezz'ora.

2.14.3. La chioma della cometa Holmes di- venne così estesa nel dicembre 2007 da ren- dersi facile bersaglio per un obiettivo fotografico di 30 mm di focale. Posa di mez- z'ora senza filtri.

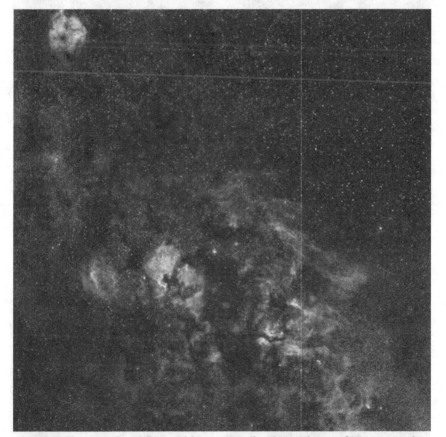

2.14.4. La Via Lattea nella costellazione del Cigno, in H-alfa. Obiettivo di 35 mm f/3,5. Mosaico di 15 immagini con esposizione di mezz'ora ciascuna. Camera CCD SBIG ST-7XME. Il filtro H-alfa ha eviden- ziato le ingenti quantità di gas presenti in questa porzione di cielo. Al centro, la nebulosa Nord America, con una superficie circa 12 volte maggiore di quella della Luna Piena. Il campo abbracciato è di 30°×40°. Per ottenere un risultato simile con una reflex digitale si sarebbe dovuto rimuovere il filtro taglia IR ed esporre per un tempo almeno quattro volte superiore, con un obiettivo di diametro doppio.

L'Universo in 25 cm

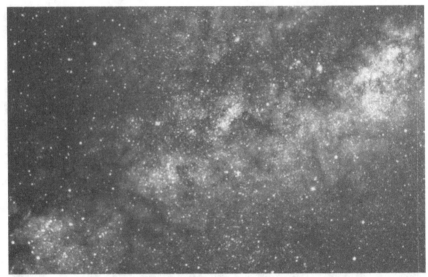

2.14.5. La Via Lattea nei pressi del Sagittario ripresa con una reflex digitale posta su una montatura equatoriale. Posa di 20m. Per queste immagini occorre solamente un cielo scuro.

mento amatoriale, non possiamo ignorare ciò che può essere fatto utilizzando semplicemente una camera di ripresa digitale accoppiata a obbiettivi fotografici, il tutto montato sempre su una montatura equatoriale motorizzata.

Le vicinanze del nostro Sistema Solare sono ricche di stelle, grandi complessi nebulari, ammassi stellari, resti di supernovae di estensioni angolari elevate, tanto da richiedere un obiettivo fotografico dal campo molto largo, piuttosto che quello molto ristretto di un telescopio.

Le costellazioni più brillanti e i bracci di spirale della nostra Galassia sono le prede più belle e facili da riprendere, anche per chi non ha molta esperienza di fotografia astronomica e di astronomia. In effetti, basta puntare una normale fotocamera digitale compatta verso il cielo per ottenere foto di grande impatto.

2.14.6. Galassie nel Leone riprese con un teleobiettivo di 400 mm di focale.

2.14.7. La Nebulosa di Orione, ripresa con lo stesso teleobiettivo dell'immagine precedente.

2.14.8. Mosaico di due riprese della regione centrale della Via Lattea. Filtro H-alfa da 10 nm applicato a un obiettivo fotografico di 35 mm f/3,5. È incredibile cosa si possa fare con una camera digitale e un obiettivo del diametro di appena 1 cm! In primo piano, la nube stellare M24; in basso a destra la nebulosa Laguna (M8). In alto si vedono altri due complessi nebulari: la nebulosa Omega (M17), immediatamente sopra la nube stellare, e la nebulosa Aquila (M16). Il disco della nostra Galassia è un ambiente che ben si presta per la fotografia a grande campo.

3 Tecniche e confronti

3.0 Introduzione

La possibilità di riprendere immagini e di trattarle con opportuni *software* permette di sfruttare tutto il potenziale di un'immagine digitale. Tuttavia, per ottenere il massimo dalla propria strumentazione, servono tecniche particolari da applicare soprattutto al momento della ripresa: è infatti la ripresa che determina in modo univoco la qualità dell'immagine finale, che prescinde da qualsiasi forma di elaborazione successiva.

L'utilizzo di filtri è sicuramente una delle tecniche che porta grandi vantaggi. Se impiegati correttamente, i filtri possono aprire le porte ad altri Universi, poiché quello accessibile ai nostri occhi, il cosiddetto Universo visibile, è solo una piccolissima parte di una ben più vasta realtà. I sensori digitali permettono di estendere l'intervallo di lunghezze d'onda accessibili fino all'ultravioletto (300-400 nm) e all'infrarosso (700-1000 nm), zone precluse prima dell'avvento del digitale.

A queste lunghezze d'onda i pianeti mostrano dettagli molto interessanti e diversi; un esempio su tutti è Venere, con la sua atmosfera (vedi 1.3).

Se utilizzati per le riprese del profondo cielo, questi filtri possono mostrare oggetti altrimenti invisibili; è il caso delle galassie Maffei, nascoste dai gas e dalle polveri della Via Lattea, che sono parzialmente trasparenti in infrarosso.

Le galassie più vicine mostrano in luce ultravioletta le giovani stelle dei loro bracci e le numerose concentrazioni di gas, mentre hanno un aspetto completamente diverso nell'infrarosso.

I filtri a banda stretta si rivelano vere e proprie bacchette magiche nell'osservazione delle nebulose, la cui luce viene emessa solo a determinate lunghezze d'onda: in quelle bande si mostrano in tutto il loro splendore, con dettagli inosservabili in luce integrale.

Nel campo della cartografia planetaria, ci si può trasformare in esploratori di altri mondi, realizzando mappe planetarie globali, utili per effettuare studi di valenza scientifica sui pianeti più brillanti del cielo, mentre la creazione di filmati *time-lapse* consentirà di registrare l'evoluzione dinamica di molti fenomeni cosmici.

Chiuderemo il capitolo rispondendo alla semplice domanda: di giorno si possono vedere le stelle? Non solo la risposta è affermativa, ma impareremo che di giorno si possono riprendere immagini di pianeti, stelle e addirittura di comete, come se il disturbo solare non ci fosse. Questa è una vera e propria rivoluzione.

Gli ultimi paragrafi sono dedicati ai confronti tra le riprese digitali, quelle analogiche e le osservazioni visuali. Avremo in modo tangibile la prova del salto qualitativo che la tecnica digitale ha permesso di fare in tutti i campi dell'astronomia amatoriale.

3.1 I filtri per il Sistema Solare

Nelle riprese degli oggetti del Sistema Solare i filtri rivestono un'importanza notevole, a volte fondamentale per la buona riuscita di un'immagine. Abbiamo visto alcuni esempi pratici parlando dei singoli corpi del Sistema Solare; adesso andiamo ad analizzare più in dettaglio quali filtri utilizzare e la loro resa.

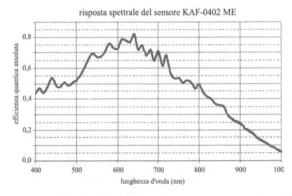

risposta spettrale del sensore KAF-0402 ME

3.1.1. Risposta spettrale del sensore CCD che equipaggia la camera SBIG ST-7XME con la quale sono state ottenute molte delle immagini di questo libro.

Tutti i sensori digitali sono sensibili dalle regioni del vicino ultravioletto a quelle del vicino infrarosso, cioè tra circa 300 e 1000 nm; i nostri occhi, per confronto, sono sensibili solo tra 400 e 700 nm. Con questi sensori è quindi possibile mettere in luce dettagli che il nostro occhio non è in grado di percepire, aumentando le applicazioni e l'interesse, anche scientifico, della ripresa degli oggetti del Sistema Solare.

3.1.1 Filtro IR-*cut*

Indispensabile per limitare la sensibilità dei sensori al dominio del visibile, il filtro taglia completamente la radiazione infrarossa, orientativamente da 700 nm in su, dove tutti i sensori di ripresa mostrano un'elevata sensibilità.

Nelle riprese con camere a colori, il filtro IR-*cut* deve essere sempre utilizzato quando si esigono risultati cromaticamente equilibrati e senza strani artefatti ai bordi, prodotti dalla dispersione atmosferica.

L'atmosfera terrestre si comporta come una specie di prisma scomponendo la luce di tutti gli oggetti posti al di fuori di essa. Questo fenomeno, chiamato *dispersione*, aumenta con il diminuire dell'altezza sull'orizzonte e, naturalmente, con l'ampiezza della banda passante. Ad altezze di 30° la dispersione tra le lunghezze d'onda blu e rosse è di circa 1" nella direzione nord-sud, che si riduce a zero solo allo zenit.

Nelle camere a colori siamo in grado di scomporre i singoli canali colore e quindi riallinearli nella fase di elaborazione. Se, tuttavia, non utilizziamo un filtro taglia infrarosso, la luce di queste lunghezze d'onda si sparpaglia su ogni canale colore e non potrà essere corretta in fase di elaborazione.

Nelle riprese con camere monocromatiche, la situazione è ancora peggiore, poiché la dispersione non può essere corretta in alcun modo: semmai va evitata limitando la banda passante con un filtro IR-*cut* oppure con uno ancora più selettivo.

I filtri che si utilizzano per scopi visuali sono trasparenti nell'infrarosso; in questi casi è necessario un filtro IR-*cut* se si vogliono utilizzare per la loro banda effettiva.

Un caso limite è costituito dal filtro violetto (W47) impiegato per riprendere le nubi di Venere. Questo filtro è trasparente all'infrarosso: una camera di ripresa (*webcam* o CCD) mostrerà un'immagine con un grosso contributo dell'infrarosso invece che del violetto e dell'ultravioletto. Utilizzando il filtro IR-*cut* si riprende effettivamente nella banda per la quale si utilizza tale filtro.

3.1.2 Filtri colorati

I filtri colorati hanno il compito di selezionare una banda più o meno stretta all'interno della regione visuale (400-700 nm). Studiati principalmente per l'osservazione visuale, mostrano una certa trasparenza nell'infrarosso e quindi devono essere sempre accoppiati a un filtro IR-*cut*.

I filtri RGB (Rosso, Verde e Blu) sono di solito impiegati nelle camere monocromatiche per ottenere immagini a colori: in pratica, si effettuano tre riprese dello stesso soggetto con ogni filtro, poi le si riunisce con *software* appositi che restituiscono l'immagine a colori, in un processo molto simile a quello che mette in pratica, automaticamente, il sistema occhio-cervello. Oltre ad essere indispensabili per ottenere immagini a colori con camere monocromatiche, i filtri sono utilizzati anche per migliorare il contrasto di alcuni dettagli planetari e/o per selezionare quelli che si vogliono enfatizzare, soprattutto nelle atmosfere dei pianeti.

Filtri rossi sono molto utili per aumentare il contrasto dei dettagli superficiali di Marte, i festoni nell'atmosfera di Giove o i deboli dettagli della superficie di Mercurio. I filtri blu sono molto indicati per mettere in evidenza le nubi e le nebbie della tenue atmosfera marziana. Fino a pochi anni fa, prima della rivoluzione digitale, questi erano gli unici filtri che un astrofilo poteva utilizzare, non senza difficoltà e con risultati spesso scadenti.

La sensibilità nettamente maggiore rispetto alla vecchia pellicola, estesa anche alle regioni dei vicini ultravioletto e infrarosso, ha reso accessibile agli astrofili, dotati di strumentazione assolutamente amatoriale (anche una *webcam* da pochi euro), la fotografia e lo studio a queste lunghezze d'onda, una volta appannaggio totale dei professionisti.

3.1.3 Filtri infrarossi

I filtri infrarossi svolgono la funzione opposta dei filtri IR-*cut*, lasciando passare solo la radiazione del vicino infrarosso, a partire da 700 nm. Poiché i nostri occhi non sono sensibili a tali lunghezze d'onda, i dettagli che emettono queste radiazioni ci appaiono molto scuri, qualche volta completamente opachi.

L'utilità dei filtri infrarossi (IR) dipende dalla lunghezza d'onda alla quale iniziano a trasmettere; in generale, hanno il compito di accentuare il contrasto di certi dettagli superficiali, mostrare attività atmosferiche non visibili ad altre lunghezze d'onda e, allo stesso tempo, diminuire l'effetto della turbolenza atmosferica, al prezzo, però, di una perdita di risoluzione.

Chi utilizza le *webcam* troverà utili filtri con banda passante a cominciare da 700-750 nm, in grado di restituire un ottimo contrasto su Mercurio e Marte e di rendere visibili i festoni nell'atmosfera di Giove. Coloro che impiegano camere CCD dedicate, più sensibili delle *webcam*, troveranno molto utile un filtro infrarosso da 1 μm (1000 nm). A queste lunghezze d'onda si apre un nuovo mondo: il cielo diurno diventa scuro e si possono riprendere tutti i pianeti più brillanti.

L'atmosfera di Venere mostra sistemi nuvolosi complicati e diversi rispetto all'UV, completamente invisibili nel visuale, nonché l'emissione termica dell'emisfero non illuminato (vedi 1.3).

Giove esibisce la Macchia Rossa molto brillante, mentre il resto del globo appare scuro a causa dell'assorbimento da parte del metano atmosferico. Un discorso analogo vale per il globo di Saturno: un fantasma circondato da brillantissimi anelli.

3.1.4 Filtri ultravioletti

I filtri ultravioletti, che possono essere utilizzati solo in fotografia, lasciano passare una banda, più o meno larga, centrata sulla regione del violetto-vicino ultravioletto (UV, 300-450 nm). I migliori risultati si ottengono nella ripresa di Venere, che mostra complessi sistemi nuvolosi nella parte superiore dell'atmosfera.

Anche le riprese di altri corpi celesti si possono giovare di filtri ultravioletti: Marte mostra esclusivamente la sua attività atmosferica, quindi nebbie, foschie, cappucci polari e sistemi nuvolosi. Le atmosfere di Giove e Saturno manifestano dettagli situati a quote più alte; in effetti, mano a mano che aumenta la lunghezza d'onda di osservazione diminuisce la quota atmosferica visibile.

Purtroppo, questa proprietà della radiazione elettromagnetica di attraversare tanto maggiori strati di gas quanto maggiore è la lunghezza d'onda vale anche per l'atmosfera del nostro pianeta. Le immagini in ultravioletto sono in effetti difficili da trattare, perché possiedono un contrasto molto basso, introdotto dalla scarsa trasparenza della nostra atmosfera a queste lunghezze d'onda (ma anche da parte di alcuni vetri classici di tipo *crown* e *flint* con cui si costruiscono obiettivi fotografici, lastre correttrici, lenti di Barlow e oculari). Vi sono altre difficoltà, prima fra tutte la notevole sensibilità alla turbolenza atmosferica, che raramente consentono di raggiungere risoluzioni molto elevate.

Per gli utilizzatori delle *webcam*, un filtro puramente ultravioletto può essere troppo scuro per la scarsa sensibilità di questi dispositivi; un'ottima alternativa è un filtro violetto (W47) unito a un buon IR-*cut*. L'effetto risultante è simile a quello di un ultravioletto puro, con un contrasto solo leggermente inferiore.

3.1.5 Filtri solari

I fltri studiati esclusivamente per l'osservazione della nostra stella, la cui elevatissima luminosità richiede speciali attenzioni, esistono in commercio in due tipi, tutti da porre davanti all'obiettivo del telescopio, quindi prima che la luce solare vi entri (evitate sempre quelli da avvitare all'oculare, perché sono estremamente pericolosi!):

• I filtri solari per osservazioni nel visibile. Attenuano tipicamente di 100mila volte la luce solare, lasciando inalterata la banda passante; sono i cosiddetti filtri per l'osservazione in luce bianca, che possono essere costituiti da un disco di vetro opportunamente trattato o da una sottile pellicola dallo spessore di pochi micrometri, ma piuttosto resistente, sicura e di ottima qualità ottica. Il materiale migliore per queste pellicole attualmente in commercio per osservazioni in alta risoluzione sembra essere l'Astrosolar, che non pregiudica la resa ottica del telescopio, al contrario del più famoso Mylar, la cui risoluzione è limitata attorno ai due secondi d'arco.

3.1.2. Un ottimo filtro solare in luce bianca è costituito da una sottile pellicola (Astrosolar, Mylar) da porre davanti all'obbiettivo del telescopio.

• I filtri a banda stretta, in H-alfa (rosso, 656,3 nm) e nella riga del calcio (393 e 396 nm), filtri speciali (e piuttosto costosi) centrati sulle lunghezze d'onda indicate. I filtri H-alfa sono quelli che forniscono le immagini più spettacolari, mostrando protuberanze, filamenti, brillamenti, regioni attive e la cromosfera, la zona atmosferica posta immediatamente sopra la fotosfera solare. È impressionante la quantità di dettagli visibili già con un piccolo telescopio di 4 cm di diametro equipaggiato con questo filtro. I telescopi solari centrati nella banda del calcio mettono in risalto le regioni attive della fotosfera solare, in particolare la granulazione e le *facolae*.

Aspetto dei pianeti brillanti in funzione della lunghezza d'onda

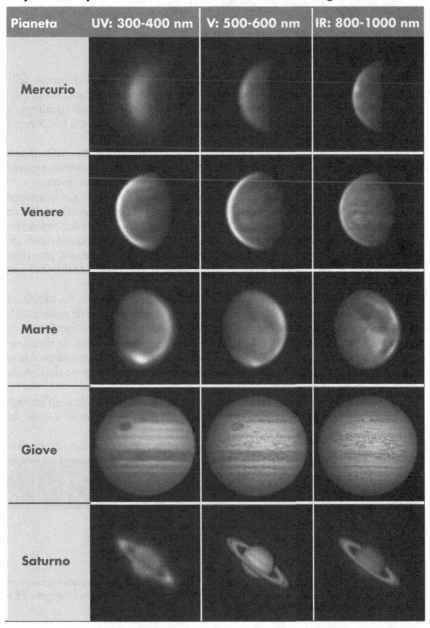

Pianeta	UV: 300-400 nm	V: 500-600 nm	IR: 800-1000 nm
Mercurio			
Venere			
Marte			
Giove			
Saturno			

3.2 I filtri per il *deep-sky*

L'impiego di filtri nelle riprese del cielo profondo consente di aumentare moltissimo il valore qualitativo e scientifico di un'immagine. I filtri UV e IR di cui si è detto parlando dei pianeti possono essere utilizzati per estendere e sfruttare al massimo il *range* spettrale delle camere digitali.

Un'altra famiglia di filtri trova utilissime applicazioni, soprattutto nella ripresa e nello studio delle nebulose: i filtri a banda stretta.

3.2.1 I filtri a banda stretta

Abbiamo già discusso brevemente del meccanismo responsabile dell'emissione delle nebulose ad emissione (vedi 2.3): i loro colori corrispondono a salti quantici degli elettroni che vengono catturati dai nuclei atomici che costituiscono il gas, tra i quali spicca l'idrogeno, che nel visibile emette principalmente nella riga H-alfa, a 656,3 nm, e nell'H-beta, a 486,1 nm.

Lo spettro delle nebulose è a righe e non continuo come può essere quello di una stella (compreso il Sole). Naturalmente, l'idrogeno non è l'unica specie atomica presente e nello spettro delle nebulose si sovrappongono righe dovute a elementi diversi.

Analizzando lo spettro di una nebulosa, cioè la distribuzione della luminosità in funzione della lunghezza d'onda, troviamo picchi d'emissione ben precisi, che corrispondono alla luce emessa dagli atomi di cui essa è composta. Circa il 90% del gas responsabile dell'emissione è idrogeno; il resto è costituito da ossigeno ionizzato due volte (OIII) e zolfo ionizzato una volta.

Tutte le nebulose brillanti, a esclusione di quelle a riflessione, emettono gran parte della luce visibile limitatamente a poche, strette righe: H-alfa, H-beta, OIII (500,7 nm) e SII (390,5 nm).

Effettuare riprese lungo tutto lo spettro visibile è non solo superfluo, ma addirittura controproducente, poiché su gran parte dello spettro di ripresa non si ha praticamente emissione da parte della nebulosa; in compenso, vi sono componenti significative da parte della nostra atmosfera, delle polveri e dell'inquinamento luminoso. Se riusciamo a utilizzare filtri centrati sull'emissione specifica delle nebulose, abbiamo un guadagno netto in termini di qualità e dettagli visibili, potendo escludere gran parte dei disturbi causati dall'uomo (inquinamento luminoso) e dall'atmosfera terrestre.

La ripresa con filtri a banda stretta è un campo in rapida evoluzione, grazie all'impiego della tecnologia digitale, e ha avvicinato ancora di più i risultati amatoriali a quelli dei professionisti.

Come risultato del guadagno in magnitudine limite, le nebulose risultano ricchissime

3.2.1. Simulazione di un tipico spettro di una nebulosa a emissione. Tutta la luce che possiamo osservare e riprendere è emessa da poche e sottili righe dovute agli atomi presenti, in particolare l'idrogeno (H) e l'ossigeno ionizzato due volte (OIII).

di dettagli, tenui strutture e sfumature, mostrando estensioni enormi, molto maggiori rispetto a quelle cui eravamo abituati con la fotografia analogica tradizionale.

I filtri maggiormente utilizzati sono gli H-alfa, non a caso la riga di emissione più intensa di tutte le nebulose. Anche i filtri H-beta e OIII sono piuttosto diffusi, ma danno risultati non molto diversi rispetto all'H-alfa.

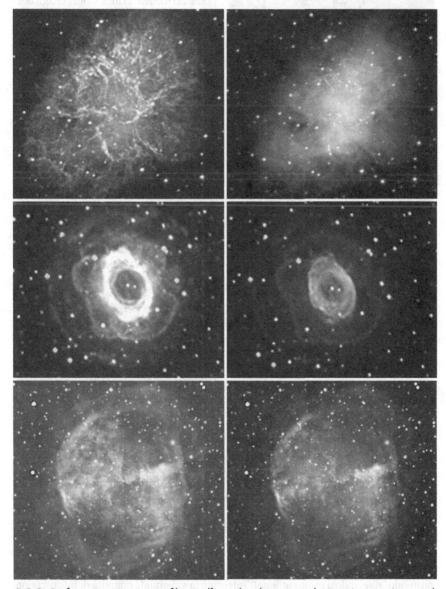

3.2.2. Confronto tra riprese con un filtro H-alfa con banda passante di 10 nm (a sinistra) e normali riprese nel visibile (a destra) per alcune nebulose con emissione a righe. Dall'alto in basso: la Nebulosa Granchio (M1), un resto di supernova, la nebulosa Anello (M57) e la nebulosa M27, entrambe planetarie.

3.2.2 Filtri colorati

3.2.3. Confronto tra riprese della nebulosa Trifida (M20) nel Sagittario con un filtro rosso (in alto) e blu (in basso). I filtri colorati, sebbene molto meno selettivi di quelli a banda stretta, permettono di enfatizzare certi dettagli. Nel rosso appaiono evidenti le zone a emissione e le stelle più vecchie e fredde. I filtri blu, al contrario, evidenziano stelle molto calde, massicce e giovani e le zone a riflessione.

Se non si possiedono filtri a banda stretta, che sono comunque molto selettivi e difficili da utilizzare se non per le nebulose, si potranno mettere in luce molti dettagli operando semplicemente con i classici filtri colorati che si utilizzano anche per la ripresa dei pianeti. I risultati migliori si ottengono con filtri rossi e blu, o, come vedremo, anche con filtri IR e UV, che però sono un po' più difficili da utilizzare.

Nonostante che sulle nebulose si ottengano migliori risultati con i filtri a banda stretta, i filtri colorati (in particolare il rosso e il blu) possono essere utilizzati con profitto con tutti gli oggetti analizzati fino ad ora, dalle nebulose oscure alle galassie a spirale, mettendo in risalto le loro proprietà fisico-chimiche.

I filtri rossi permettono di staccare molto bene il contributo ad emissione di alcune nebulose e regioni HII presenti in alcune galassie a spirale a noi vicine, i cui bracci perdono contrasto in favore del nucleo, come è lecito aspettarsi dalla distribuzione della popolazione stellare in queste gigantesche isole di stelle.

Nelle zone centrali della Via Lattea, ricche di nebulose oscure e polveri che attenuano la luce stellare, un filtro rosso limita l'assorbimento interstellare, molto efficiente alle lunghezze d'onda blu, meno a quelle rosse.

Questa tesi è facilmente dimostrabile confrontando due immagini di un oggetto posto sul piano galattico, soprattutto nelle vicinanze del centro (che si trova nella costellazione del Sagittario), come l'ammasso globulare M22 o la nebulosa Trifida. Quest'ultima, essendo composta da una parte a emissione e una a riflessione, si mostra completamente diversa nel rosso e nel blu, con la componente a emissione molto ben separata da quella a riflessione.

3.2.3 Filtri IR-UV

I filtri infrarossi e ultravioletti possono essere utilizzati anche nelle riprese del cielo profondo, rivelandosi molto utili nell'integrare la già grande quantità di informazioni precedentemente ricavate. A causa della debolezza degli oggetti considerati, si dovranno utilizzare filtri che siano poco selettivi.

Un ottimo compromesso è un filtro passabanda da 700 nm per le riprese in infrarosso e un violetto N.47 per quelle in UV. A queste lunghezze d'onda, per quanto riguarda le galassie saranno notevolmente accentuate le differenze di visione di cui si è già detto parlando dei filtri colorati. Le nebulose appaiono molto diverse, soprattutto in infrarosso, poiché la componente di emissione principale, l'H-alfa, non è inclusa nella banda passante, e comunque si mostreranno come sorgenti estremamente deboli.

Un filtro infrarosso fa risaltare le deboli componenti stellari rosse di tipo spettrale K e M, siano esse confinate nelle nebulose, in ammassi stellari o in altre galassie; allo stesso tempo, con questi filtri si penetra ancora più in profondità nelle gigantesche nubi molecolari e di polveri della nostra Galassia, il che permette l'osservazione di oggetti come le galassie Maffei, la cui luce è fortemente oscurata dal mezzo interstellare del disco della nostra Galassia, tanto da rendersi visibili solo alle lunghezze d'onda infrarosse.

Nelle galassie a spirale viste di faccia un filtro violetto-ultravioletto enfatizza enormemente i bracci e le popolazioni stellari dei tipi O-B che emettono gran parte della loro luce proprio a queste lunghezze d'onda. Il nucleo, generalmente rosso, appare poco brillante. In infrarosso le cose cambiano radicalmente: i bracci a spirale praticamente scompaiono e la luce del nucleo (*bulge*) è di gran lunga dominante.

3.2.4. Confronto tra riprese nel vicino infrarosso (in alto) e vicino ultravioletto (in basso) della galassia a spirale M101: si evidenziano il nucleo e le regioni HII nell'infrarosso, i bracci ricchi di gas freddo e di stelle blu in ultravioletto.

3.2.4 Le galassie Maffei

Si tratta di due galassie piuttosto vicine alla Via Lattea, di difficilissima osservazione a causa della loro posizione lungo il piano galattico, scoperte dall'astronomo italiano Paolo Maffei, scomparso nel 2009.

Maffei 1 è un'ellittica gigante distante 9,8 milioni di anni luce e splendente di magnitudine visuale 17; Maffei 2 è una spirale barrata, distante 9,1 milioni di anni luce e di magnitudine visuale 16.

Le galassie Maffei non sembrano appartenere al Gruppo Locale, le cui componenti principali, ricordiamolo, sono la Via Lattea e M31. La loro posizione sul piano galattico fa sì che esse siano praticamente inosservabili alle lunghezze d'onda nel visuale, poiché

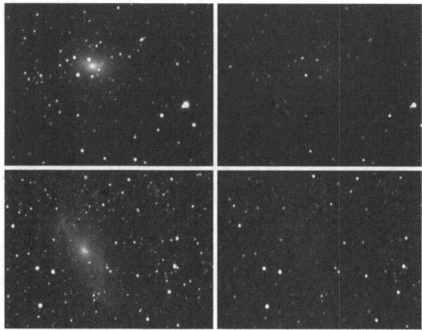

3.2.5. Le galassie Maffei, come appaiono nel vicino infrarosso (colonna di sinistra, con banda passante sopra i 700 nm) e nel visibile (a destra). In alto, Maffei 1, galassia ellittica. In basso, Maffei 2, galassia a spirale.

l'assorbimento da parte di polveri e gas galattici è altissimo, con un'estinzione dell'ordine di 9 magnitudini. Se si trovassero in una zona non oscurata dalle polveri, sarebbero tra le galassie più luminose, osservabili anche con un piccolo binocolo.

Le notevoli dimensioni apparenti, intorno ai 20', le rendono subito evidenti anche in immagini a breve esposizione, purché si utilizzi un filtro infrarosso di almeno 700 nm.

3.3 Elementi di cartografia

Come si è già detto nelle pagine dedicate ai pianeti più brillanti, le immagini ottenute possono essere composte per costruire vere e proprie mappe superficiali, oppure atmosferiche, del pianeta in esame.

La compilazione di mappe o planisferi è utile sia per chi è interessato allo studio scientifico del pianeta, sia per chi è semplicemente curioso di avere un compendio di ciò che ha ripreso nel corso di molti giorni.

Con la tecnologia digitale, ottenere mappe da una sequenza d'immagini è molto semplice e ci sono programmi che permettono di farlo. Uno di questi, *Winjupos*, liberamente scaricabile dalla Rete (si cerchi con Google: "*download winjupos*"!), permette di costruire proiezioni in pochi minuti e con semplici passaggi. Anche il noto programma di elaborazione di immagini astronomiche *Iris* permette la costruzione di mappe, a volte più precise, ma a scapito di un utilizzo non così immediato.

A prescindere dal programma, vediamo quali sono le mappe da costruire, cosa vi si può leggere e come curare la fase di ripresa ed elaborazione per avere buoni dati di partenza.

Nel campo amatoriale le proiezioni da considerare per le mappe sono sostanzialmente due:

- **Proiezione cilindrica**. Il vero e proprio planisfero: in pratica, come suggerisce il nome, la si costruisce "srotolando" il globo del pianeta come se fosse avvolto in un cilindro. Poiché in realtà esso è sferico, le proporzioni risultanti, messe su un piano, non saranno quelle reali. Le distanze in longitudine saranno corrette solo per le zone equatoriali e saranno "stirate" mano a mano che si sale in latitudine (sia nord che sud); le distanze in latitudine, invece, rispecchiano le reali proporzioni della sfera planetaria (tipo 1). Esiste una variante (tipo 2) nella quale le distanze in latitudine non vengono corrette e si presentano come quando osserviamo il pianeta, cioè schiacciate dalla curvatura verso latitudini elevate.

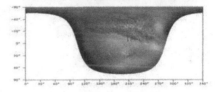

- **Proiezione polare**. Il pianeta viene ruotato in modo che il punto di osservazione si sposti sopra uno dei suoi poli. Questo tipo di proiezione è particolarmente utile quando l'inclinazione dell'asse planetario permette di osservare distintamente almeno uno dei poli (nord o sud). Raccogliendo immagini che coprono una rotazione completa si può avere una panoramica d'insieme e dettagliata della zona polare, altrimenti osservabile solo parzialmente.

Le mappe più utilizzate sono le proiezioni cilindriche del secondo tipo, cioè quelle che "stirano" l'immagine nel senso della longitudine ma non in quello della latitudine;

3.3.1. Proiezioni cilindriche. In alto, il globo planetario (in questo caso Marte) viene analizzato da un *software* che provvede a renderlo piano. Al centro: una proiezione cilindrica semplice rispetta le proporzioni in latitudine, ma produce distorsioni in longitudine, soprattutto verso i poli. In basso: proiezione cilindrica che riproduce le proporzioni in latitudine proprio come quando si osserva il pianeta in cielo.

vengono preferite alle proiezioni cilindriche semplici per il fatto che è molto difficile, soprattutto con immagini amatoriali, ricostruire dettagliatamente le proporzioni ad alte latitudini.

Come assemblare nella pratica queste mappe?

A prescindere dal tipo che si vuole costruire, serve assolutamente avere una copertura totale di immagini per l'intera rotazione planetaria; questo è teoricamente possibile da ottenere con sole due riprese distanziate di 180° in longitudine. In realtà, per avere una mappa con una risoluzione buona e senza distorsioni artificiose, è bene disporre almeno di quattro immagini distanziate le une dalle altre di un quarto di rotazione, o 90° in longitudine (sui 360° totali). In ogni caso, maggiore è il numero di riprese, migliore sarà il

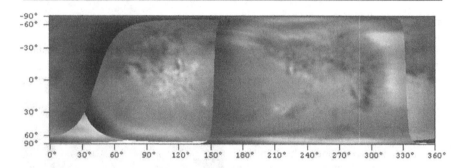

3.3.2. Planisfero di Marte come è uscito dal programma che lo ha creato partendo dalle riprese digitali: sono evidenti le disomogeneità delle varie zone. È pure evidente come il programma non abbia utilizzato al meglio le sei riprese effettuate, ma ne abbia selezionato solo il numero minimo per coprire tutta la rotazione.

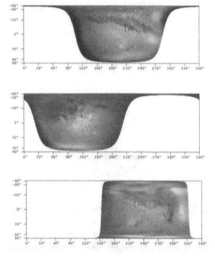

risultato: un ottimo compromesso si raggiunge con sei riprese distanziate di 60°, da 30° est a 30° ovest del meridiano centrale (il punto planetario diretto verso la Terra), in modo da escludere le porzioni troppo vicine ai bordi.

È molto importante che le immagini siano qualitativamente dello stesso livello. Come spesso si verifica, la qualità finale sarà determinata dall'elemento più debole, in questo caso dalla ripresa con la risoluzione peggiore, a prescindere dalle altre.

Il consiglio è di applicare alle singole immagini elaborazioni che portino a risultati simili, per quanto riguarda sia il "rumore" che il contrasto e il bilanciamento dei colori: avere immagini ben equilibrate

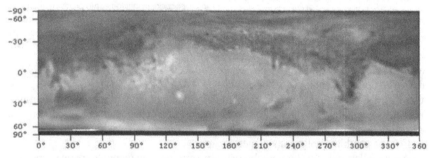

3.3.3. Schematizzazione dei passi necessari per compilare una buona mappa; prima si proiettano singolarmente le immagini (qui sono raffigurate solo tre delle sei utilizzate); successivamente, la mappa si assembla manualmente con un programma di fotoritocco, selezionando le aree migliori e scartando quelle con bassa risoluzione. Infine si passa alla fase di miglioramento estetico, sfumando le zone di giunzione e regolando contrasto e bilanciamento dei colori.

è una condizione necessaria per costruire una mappa uniforme. A questo punto, ci si dovrà solo affidare al *software* per i calcoli necessari: ci verrà restituita una mappa, che, in genere, non ci soddisferà troppo sotto il profilo dell'estetica. Per nascondere le zone di giunzione, sarà necessario l'utilizzo di un programma di fotoritocco, cercando di fare attenzione a non alterare i dettagli visibili. È inoltre consigliabile effettuare le proiezioni

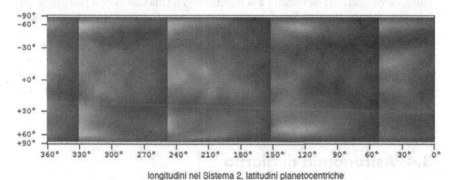

longitudini nel Sistema 2, latitudini planetocentriche

3.3.4. Proiezione cilindrica dell'atmosfera di Venere in ultravioletto; rotazione del 6-9 aprile 2010. Notare la totale copertura nuvolosa e la perfetta sovrapposizione delle regioni riprese in giorni diversi.

(cilindriche o polari) sulle singole immagini e poi assemblarle manualmente per selezionare ed eliminare eventuali zone di sovrapposizione o qualitativamente inferiori. Dopo questa operazione estetica la mappa è pronta, corredata del sistema di coordinate utilizzato.

Le applicazioni che se ne potrà fare sono le più svariate.

Per pianeti con un'atmosfera variabile è importante ottenere più planisferi che coprano rotazioni contigue per studiare la dinamica delle nubi. L'atmosfera di Venere è l'esempio più lampante: si modifica radicalmente da una rotazione all'altra. Anche i piccoli cicloni di Giove possono essere studiati in questo modo e risulterà possibile fare previsioni sulla loro evoluzione futura.

Pianeti meno dinamici, come Mercurio, sono comunque molto interessanti poiché al momento non esistono mappe complete e dettagliate: quindi, il contributo amatoriale è di fondamentale importanza. Sfortunatamente, dato il lungo periodo di rotazione (circa 58 giorni) e la vicinanza al Sole, le immagini necessarie per costruire

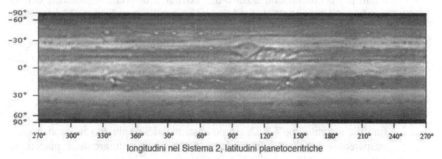

longitudini nel Sistema 2, latitudini planetocentriche

3.3.5. Proiezione cilindrica dell'atmosfera di Giove nel marzo 2005. Questo tipo di mappe è utilissimo per studiare l'evoluzione delle atmosfere planetarie.

una mappa completa non sono facili da catturare ed è richiesta una buona dose di costanza, oltre che di fortuna (servono un buon meteo e un buon *seeing*!).

Il corpo più affascinante (forse perché il più simile alla Terra) è probabilmente Marte, del quale si possono costruire mappe con una risoluzione di circa 150-200 km e mettere in luce tutte le più importanti formazioni, come vulcani, catene montuose, canyon, crateri da impatto e la meteorologia. Una tale mappa può essere utilizzata anche negli anni successivi e costituire un punto di riferimento per astronomi ed astrofili.

Per i pianeti giganti, la costruzione di mappe prolungata nel corso di mesi o anni è uno strumento d'indagine potentissimo che consente di mettere in luce il comportamento delle atmosfere nel corso del tempo, studio che tuttora non dispone di abbastanza dati per essere completato: un ruolo importantissimo è quindi ancora una volta affidato agli astrofili.

3.4 Astronomia di giorno

Chi l'ha detto che le osservazioni astronomiche si possono effettuare solamente di notte? Ci siamo mai chiesti perché di giorno le stelle non si vedono e se è possibile osservare qualche altro corpo celeste al di fuori del Sole e della Luna?

In realtà, anche di giorno si possono condurre interessanti osservazioni, alcune davvero sorprendenti, come si è già avuto modo di notare nelle pagine dedicate ai corpi del Sistema Solare.

Sicuramente l'astro che cattura di più la nostra attenzione è il Sole. La nostra stella brilla di una magnitudine di circa −26,8, cioè è circa 500mila volte più luminosa della Luna Piena. Ma il Sole non è l'unico corpo celeste visibile di giorno.

A prescindere dal soggetto, vi sono alcuni consigli e suggerimenti universalmente validi per chi effettua osservazioni e riprese durante il giorno:

1) Riprendere sempre in giornate particolarmente trasparenti; la presenza di sottili veli e/o foschie peggiora notevolmente l'immagine.

2) Il problema principale è il fondo cielo che appare sempre molto chiaro e che perciò "nasconde" spesso il pianeta, specie se debole (ad esempio Saturno). Ebbene, c'è un modo per scurire il fondo cielo, senza però intaccare la luminosità dell'oggetto da riprendere? La risposta fortunatamente è positiva e per capirla a fondo occorre dare uno sguardo attento al cielo durante il giorno. È evidente a tutti la sua colorazione azzurro-blu, dovuta al fatto che le molecole dell'atmosfera e il pulviscolo diffondono molto meglio la radiazione blu rispetto a quella rossa. La *diffusione* è una sorta di riflessione "disordinata" a opera delle particelle presenti nell'atmosfera e da altri componenti, come vapore acqueo condensato e pulviscolo vario. La luce diffusa è principalmente di corta lunghezza d'onda, cioè tendente verso un colore blu-violetto, mentre diminuisce drasticamente nelle regioni rosse o infrarosse dello spettro.

Se riusciamo a condurre osservazioni in luce rossa, o meglio infrarossa, si ha un effettivo miglioramento del contrasto e possono essere riprese anche le stelle fino alla magnitudine 7-8. Di giorno, distanti dal Sole almeno 50°, con un cielo trasparente e con l'uso di filtri infrarossi, si possono catturare stelle, pianeti, satelliti e persino alcune brillanti comete.

3) Sebbene i filtri infrarossi scuriscano il cielo, è bene riprendere non troppo vicino

al Sole, sia perché è pericoloso per gli occhi, sia perché nelle sue vicinanze è abbondante la luce diffusa.

Mercurio e Venere possono essere osservati fino a distanze di 10° dalla nostra stella; Giove, la Luna e Marte fino a 20°. Saturno invece richiede una separazione superiore ai 40°, meglio se 50°, così come i satelliti di Giove.

Quando osserviamo a distanze inferiori ai 15° dalla nostra stella, faremo sempre molta attenzione a non mettere l'occhio all'oculare; cercheremo invece di puntare con la *webcam* o con la camera CCD e staremo bene attenti a che la luce solare non entri nel tubo del telescopio, magari schermandolo con un ombrello o un ostacolo naturale.

4) Oltre al basso contrasto, di giorno il vero nemico dell'alta risoluzione è la turbolenza atmosferica, spesso molto più forte che di notte. Fortunatamente, la sua origine è quasi sempre locale e quindi, almeno in linea teorica, eliminabile.

Le fonti maggiori di turbolenza sono due, entrambe generate dall'intensa radiazione solare: a) il riscaldamento del tubo ottico, con conseguenti moti turbolenti all'interno di esso. Per migliorare sensibilmente la situazione, si consiglia di sistemare il telescopio all'ombra; questa è anche un'ottima misura precauzionale per evitare l'accidentale osservazione del Sole. Se ciò non è possibile, cercate di avvolgere il tubo con carta d'alluminio, che funziona come un ottimo isolante termico; b) il riscaldamento del pavimento e in generale dell'ambiente intorno al telescopio: anche questo, soprattutto se si osserva da un piazzale di cemento o di asfalto, provoca forti moti convettivi che rovinano l'immagine. È opportuno, quando possibile, evitare di osservare da queste postazioni. Il luogo migliore sarebbe in mezzo a un prato, lontano da strade e dai tetti delle case.

Seguendo questi due semplici accorgimenti riuscirete ad abbattere la turbolenza locale e vi renderete conto che il *seeing* diurno è spesso simile a quello notturno.

Cruciale si rivela l'utilizzo di filtri infrarossi. Essi, oltre a scurire il fondo cielo, mettono meglio in evidenza anche alcuni dettagli superficiali su Marte e Mercurio; per quest'ultimo è quasi d'obbligo il filtro anche quando lo si osserva durante il crepuscolo (serale o mattutino), con il Sole sotto l'orizzonte.

La regola generale è la seguente: maggiore è la lunghezza d'onda della banda del filtro utilizzato, maggiore sarà il contrasto perché minore è la luminosità del fondo cielo. La perdita delle informazioni sul colore non è così drammatica, anzi: con il disturbo del Sole è pressoché impossibile ottenere immagini cromaticamente equilibrate.

Purtroppo, bisogna fare i conti anche con la sensibilità delle camere di ripresa. Se riprendete con le classiche *webcam* o con camere planetarie a colori, non potrete utilizzare con profitto filtri dalla banda passante che inizia oltre i 750-800 nm, mentre se possedete camere planetarie monocromatiche, o meglio camere CCD per il profondo cielo, potrete spingervi fino alle lunghezze d'onda di 1000 nm (1 μm), incrementando il numero e la visibilità degli oggetti da riprendere di giorno.

Con un filtro infrarosso centrato sulla lunghezza d'onda di 1 μm si ottiene il massimo guadagno in termini di contrasto con il fondo cielo. In realtà, si potrebbe avere un guadagno maggiore aumentando ancora la lunghezza d'onda, ma la sensibilità delle camere CCD crolla praticamente a zero al di là di 1 μm per un limite intrinseco del silicio (l'elemento di cui sono composti i *pixel* dei sensori digitali): per questo motivo, camere sensibili all'infrarosso lontano adottano sensori con un'architettura molto diversa (e molto, molto costosi).

3.4.1 Perché riprendere di giorno

Le riprese diurne non sono solo un capriccio o frutto di una forma esasperata di pigrizia per chi non vuole alzarsi la mattina prima dell'alba o prendere il freddo della notte. Mercurio, per esempio, mostra qualche dettaglio solo se viene ripreso di giorno, alto sull'orizzonte, piuttosto che all'alba o al tramonto, a pochi gradi di altezza. Venere, quando si trova in prossimità delle congiunzioni con il Sole, si mostra o come un disco quasi pieno oppure come una sottilissima falce, ma, data la vicinanza alla nostra stella, non può che essere ripreso di giorno.

Marte, Giove e Saturno sono pianeti che si possono riprendere al meglio di notte, ma chi vuole monitorare le loro atmosfere deve essere in grado di riprenderli anche quando si trovano prospetticamente in prossimità del Sole, ossia di giorno.

Infine, le riprese diurne sono indispensabili nel caso di eventi transienti che si verificano con il Sole ancora alto sull'orizzonte: il passaggio vicino al Sole di una brillante cometa, l'occultazione lunare di un pianeta o di una stella luminosa, l'avvicinamento prospettico tra pianeti o qualche eclisse multipla dei satelliti di Giove.

Tutti questi fenomeni sono facili da catturare anche con il Sole alto in cielo e per questo è utile acquisire tutte le tecniche necessarie per non perdersi neanche uno di questi eventi.

3.4.2 La Luna

Dopo il Sole, il nostro satellite è l'oggetto celeste meglio visibile di giorno per due motivi: perché la luminosità superficiale, cioè la luminosità di un'areola unitaria, è maggiore o comunque non troppo minore di quella del fondo cielo (è lo stesso principio che determina la magnitudine limite, vedi 2.13.1) e perché le notevoli dimensioni angolari permettono all'occhio di individuarla facilmente nel cielo luminoso.

Perché riprendere la Luna di giorno, quando la si può osservare di notte? Oltre alla comodità dell'osservazione diurna, che può essere condotta al caldo e a orari non proibitivi, c'è anche una seria motivazione pratica: certi dettagli si possono riprendere solamente quando la Luna mostra una sottile falce, cioè quando è prospetticamente vicina al Sole. In questa situazione, se si aspetta che la nostra stella tramonti, l'altezza sull'orizzonte della Luna sarà esigua, con il conseguente degrado della qualità dell'immagine a causa della turbolenza atmosferica. È molto meglio fare riprese di giorno, quando la Luna transita alta sull'orizzonte, benché il Sole sia presente in cielo. La luminosità è sufficiente per rendere possibile la ripresa con le *webcam*, proprio come nelle normali riprese notturne, anche se è bene usare i già citati filtri infrarossi.

Basta un normale filtro passabanda da 700 nm, o al limite anche un filtro rosso, per scurire notevolmente il fondo cielo e avere un'immagine che, dopo essere stata elaborata, è impossibile distinguere da una ripresa notturna.

3.4.1. La Luna ripresa di giorno. Composizione IR-V-UV.

C'è comunque un limite alla focale da utilizzare, oltre il quale la luminosità, anche a causa del filtro IR, decresce eccessivamente; un consiglio, per chi usa una comune *webcam* e un filtro IR da 700 nm, è non spingersi con rapporti focale oltre f/20-f/25.

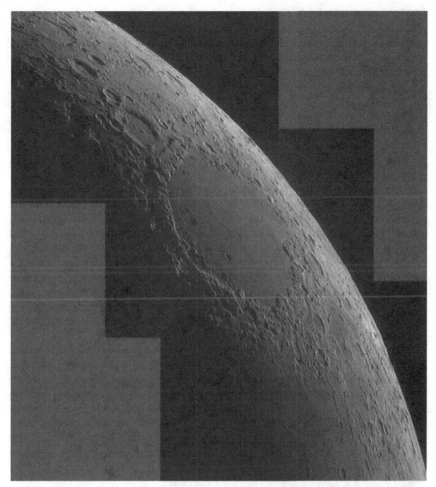

3.4.2. Mosaico lunare composto da tre immagini *webcam* riprese in pieno giorno (ore 15h circa dell'8 agosto 2005) e con un filtro infrarosso da 700 nm. Grazie alla notevole trasparenza della giornata, al filtro IR e all'elaborazione digitale, il risultato è del tutto simile a quello di una ripresa notturna. Queste zone lunari, visibili con una fase ridotta, si devono riprendere di giorno. Se si aspetta il tramonto del Sole, il satellite sarà troppo basso sull'orizzonte e ne risentirà la risoluzione, a causa della turbolenza atmosferica.

3.4.3 I pianeti

Una domanda che ci facciamo sin da piccoli è perché le stelle non si vedono di giorno; la risposta, forse scontata, è che la luce del Sole diffusa dalla nostra atmosfera è così intensa da sovrastare quella di tutti gli altri oggetti, stelle e pianeti compresi, eccetto la Luna.

In termini più tecnici, più fisici, possiamo affermare che le stelle e i pianeti non si vedono di giorno perché la luminosità superficiale del cielo è nettamente maggiore della loro luminosità superficiale, tenendo conto della risoluzione dei nostri occhi. Siccome il nostro apparato visivo di giorno ha una risoluzione di circa 1', è facile capire che se la luminosità di 1' di cielo è molto maggiore della luminosità del pianeta o della stella, allora noi non saremo in grado di vedere altro che il cielo azzurro.

In linea teorica il ragionamento è corretto; si deve però verificare se effettivamente tutti i pianeti hanno una luminosità superficiale minore di quella del cielo diurno.

3.4.4 Venere

Nelle giornate più limpide è possibile vedere a occhio nudo Venere, se però si trova a una distanza maggiore di 20° dal Sole.

Ricordo la prima volta che sono riuscito a vederlo di giorno, alto nel cielo azzurro. Erano le prime ore del pomeriggio di una calda giornata d'estate: il cielo era terso e sgombro da nubi, così ho alzato lo sguardo cercando di vedere il pianeta senza alcun ausilio ottico. Dopo qualche minuto, stavo quasi per arrendermi, ma come per magia eccolo d'un tratto apparire distintamente.

Contrariamente a quanto si pensa, nelle giornate limpide Venere è ben visibile; il vero problema è sapere dove guardare, perché l'occhio difficilmente è in grado di trovarlo se non si conosce a priori la sua posizione. La situazione è piuttosto strana; se si guarda a più di qualche grado dal pianeta non si riesce a scorgerlo, ma quando finalmente l'occhio cade nella posizione precisa, allora il pianeta sembra brillare quasi quanto al crepuscolo o all'alba.

L'osservazione telescopica è semplicemente fantastica; con qualsiasi strumento il pianeta appare della luminosità corretta, contrariamente alle osservazioni notturne, quando si rimane letteralmente abbagliati dal suo splendore. Usando un ingrandimento elevato si ha l'impressione di osservare la Luna! L'occhio umano, nel contesto brillante del cielo, restituisce un'immagine equilibrata e non sovraesposta, nella quale si possono notare anche quelle tenui strutture nuvolose che si rendono facilmente visibili in ultravioletto o in infrarosso.

La convinzione che le nubi di Venere sono invisibili all'osservazione visuale è sbagliata. Ciò che le rende invisibili è l'incapacità dell'occhio umano di "esporre" correttamente il pianeta quando si osserva di notte. L'immagine sovraesposta che raccogliamo è priva di dettagli, alla stregua di qualsiasi immagine digitale saturata. Di giorno, con il contrasto più basso, complice la luminosità del fondo cielo, l'occhio "espone" correttamente ed è possibile vedere i dettagli, enfatizzati da eventuali filtri violetti.

Quando è in prossimità della congiunzione inferiore, il pianeta mostra ancora un aspetto inedito: il diametro apparente

3.4.3. Venere è facilmente visibile di giorno e appare persino più brillante della Luna. Per riconoscerlo occorre però sapere con precisione la sua posizione in cielo. Qui è il puntino luminoso poco più in basso della Luna. Fotocamera digitale compatta, posa di 1/500 di secondo; 18 giugno 2007.

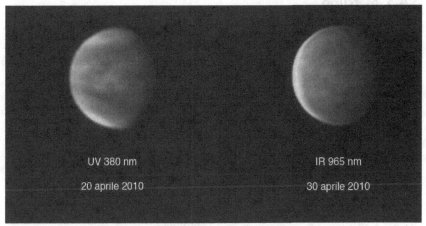

UV 380 nm

20 aprile 2010

IR 965 nm

30 aprile 2010

3.4.4. Due riprese diurne di Venere, in ultravioletto e in infrarosso. Il pianeta è così brillante che può essere ripreso di giorno come se non vi fosse alcun disturbo solare. Schmidt-Cassegrain di 235 mm, f/40, camera Lumenera LU075m; *seeing* eccellente.

si avvicina a 1' e la fase è molto sottile. Riprendendo con una *webcam* occorre ridurre la focale perché il pianeta esce dal campo del sensore! Il contrasto è così elevato che non solo è superfluo un filtro IR, ma si possono addirittura effettuare riprese nell'ultravioletto, lunghezza d'onda alla quale Venere mostra la struttura delle sue nubi.

Venere, purtroppo, è il solo pianeta che si rende visibile a occhio nudo. Con l'aiuto di un telescopio e delle moderne tecnologie è possibile riprendere altri pianeti? Premesso che a tale scopo serve un cielo estremamente trasparente, risulta praticamente impossibile osservare altri pianeti anche usando i modesti cercatori che sono in dotazione di ogni telescopio. Sia per l'osservazione visuale che per la fotografia, un ausilio molto comodo è il puntamento automatico (GOTO) del telescopio, visto che di giorno non ci sono riferimenti, quali stelle e costellazioni, con cui orientarsi, se non il Sole o, in alcuni casi, la Luna, nelle fasi prossime al Primo o Ultimo Quarto. Se si ha dimestichezza con il puntamento tramite i cerchi graduati, si opererà con questi.

In ogni caso, è necessario portare l'oggetto al centro dell'oculare, altrimenti le possibilità di trovarlo sono pressoché nulle. La prima cosa da fare è inserire un filtro solare a tutta apertura, coprire il cercatore, o estrarlo, e puntare il Sole con il solito metodo della proiezione dell'ombra. È bene usare un oculare che non dia un ingrandimento eccessivo e avere tutto il disco solare nel campo di vista. Il Sole ci serve per la messa a fuoco dello strumento. È infatti indispensabile che il fuoco sia buono, altrimenti il pianeta non risulterà visibile anche se dovesse trovarsi nel campo inquadrato. Una volta effettuate queste operazioni siamo pronti per puntare e riprendere.

Dobbiamo ora distinguere tra l'osservazione visuale e la ripresa fotografica con le classiche camere planetarie (tra cui le *webcam*) o CCD astronomiche. Per l'osservazione visuale abbiamo ancor più bisogno di un cielo trasparente e di una separazione di almeno 25-30° dalla nostra stella. Le condizioni d'osservazione saranno in generale peggiori rispetto all'*imaging* perché l'osservazione all'oculare, al contrario della ripresa fotografica, non può avvantaggiarsi dei filtri infrarossi. Se le condizioni sono favorevoli, risulteranno facilmente visibili i pianeti più luminosi, ad esclusione di Saturno: quindi, Mercurio, Venere, Marte e Giove.

3.4.5 Mercurio

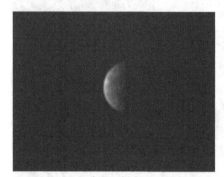

3.4.5. La ripresa diurna di Mercurio del 6 aprile 2010 nel vicino infrarosso mostra dettagli che sono al limite di diffrazione dello strumento utilizzato, un telescopio Schmidt-Cassegrain di 235 mm. Camera planetaria monocromatica DMK21. Il sud è in alto.

Mercurio è il pianeta che può essere osservato e ripreso sicuramente meglio di giorno che di notte, perché si troverà sempre ad altezze più elevate sull'orizzonte. Poiché il *seeing* risulta nettamente migliore che durante le apparizioni serali o mattutine, e poiché la sua luminosità consente ingrandimenti elevati, si renderà possibile una buona osservazione dei suoi sfuggenti dettagli superficiali.

Il piccolo pianeta si presenta all'oculare di un colore arancio tendente al marrone, ben contrastato rispetto al fondo cielo azzurro-blu.

In fotografia, Mercurio si mostra estremamente interessante. Una semplice *webcam*, provvista di un filtro infrarosso da 700 nm, consente di avere un ottimo contrasto tra il pianeta e il fondo cielo e allo stesso tempo di evidenziare con relativa facilità i dettagli superficiali. Tenuto conto che il pianeta ruota molto lentamente su se stesso, possiamo raccogliere un numero di *frame* praticamente illimitato e questo è un grande vantaggio se si pensa alle notevoli difficoltà che si hanno nella messa a fuoco e nell'ottenere *frame* non rovinati dalla turbolenza atmosferica. La discreta luminosità dell'oggetto consente di spingere la focale a valori elevati, così da avere un diametro del pianeta sufficiente per evidenziarvi qualche dettaglio. A questo scopo, è di fondamentale importanza l'uso di un filtro infrarosso.

Per chi si accinge a fare un lavoro di monitoraggio serio e continuativo, è consigliabile riprendere almeno due immagini nella stessa sessione osservativa, distanziate di qualche decina di minuti, al fine di scongiurare l'eventuale presenza di artefatti ed evidenziare solamente i reali dettagli superficiali. A causa del piccolo diametro apparente, il pianeta mostra al più zone d'albedo più o meno scure, raramente dettagli netti come invece avviene per Marte.

3.4.6 Marte

Marte è facile da osservare e riprendere di giorno, a causa soprattutto della colorazione arancio, che contrasta nettamente con il fondo cielo.

Ho osservato il piccolo pianeta in prossimità della quadratura e a circa 25° dal Sole. Nel primo caso, la visione era veramente eccezionale, migliore che nelle osservazioni notturne. Il pianeta non si presentava troppo luminoso e allo stesso tempo era ben contrastato; la colorazione era evidente e molto simile a quella che si osserva nelle riprese del Telescopio Spaziale "Hubble". I dettagli della superficie erano meglio visibili, soprattutto per un occhio poco allenato alle osservazioni planetarie.

Quando Marte è più vicino al Sole, il suo diametro apparente diminuisce, così come il contrasto dei dettagli, mentre la turbolenza tende ad aumentare; insomma, le condizioni peggiorano nettamente e distinguerlo a 25° dal Sole è veramente molto difficile.

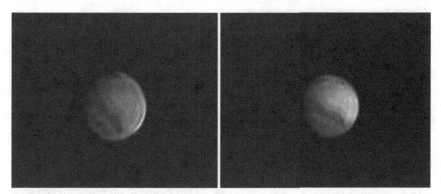

3.4.6. Marte nel visibile (a sinistra) e in infrarosso. Se la distanza angolare dal Sole è superiore a 70°, come in questo caso, e se il cielo è molto trasparente, si può lavorare anche nel visibile, sebbene i contrasti siano attenuati rispetto all'infrarosso. *Webcam* Vesta Pro; 6 febbraio 2006.

In fotografia, utilizzando le semplici *webcam*, Marte può essere ripreso senza problemi fino ad almeno 30°- 40° dalla nostra stella.

Nel visibile i colori ottenuti non saranno molto vicini alla realtà poiché le *webcam* faticano a raggiungere un bilanciamento cromatico adeguato, difficile da correggere anche in fase di elaborazione. Le cose migliorano nettamente con un filtro infrarosso: la luminosità è sufficiente per avere un contrasto uguale a quello delle riprese notturne. Il discorso cambia radicalmente se il pianeta si avvicina al Sole; in questo caso, occorrono una camera CCD e un filtro per l'infrarosso lontano, diciamo sui 900-1000 nm.

Con questa configurazione è possibile riprendere Marte fino a pochi gradi dal Sole, anche se i risultati, ovviamente, non saranno entusiasmanti. A questo proposito, si potrebbe lanciare una bella sfida: fino a quale distanza dal Sole è possibile riprendere il pianeta rosso, evidenziando magari qualche dettaglio superficiale?

3.4.7 Giove

Con Giove, il gigante dei pianeti, il discorso cambia radicalmente. Riuscire ad osservare il pianeta al telescopio è davvero un'impresa. Nessuna speranza di poterlo vedere a meno di 25-30° dal Sole; l'osservazione visuale richiede sempre una trasparenza davvero buona.

Nonostante sia più luminoso di Mercurio e di Marte, il notevole diametro apparente (circa 40" in media) abbassa la luminosità superficiale e quindi il contrasto rispetto al fondo cielo.

Ho osservato il pianeta al telescopio a una distanza di circa 40° dal Sole, in giornate estremamente limpide, ma sempre a fatica. All'oculare si presenta molto strano e diverso rispetto all'osservazione notturna; sembra quasi trasparente, una specie di fantasma. I bordi sfumano nel fondo cielo, quasi fosse una nebulosa; il contrasto è molto basso. Si osservano chiaramente le due bande principali, di colore nettamente più scuro; il resto sembra una tenue nuvoletta. Questa impressione all'oculare è confermata anche da altri osservatori che hanno accettato la sfida di un'osservazione così estrema. La difficoltà dell'osservazione visuale è confermata, se non addirittura accentuata, nella ripresa con la *webcam*.

3.4.7. Un *frame* grezzo di Giove, ripreso nel visibile, a circa 40° dal Sole, in una giornata con ottima trasparenza. Come si vede, il contrasto è bassissimo ed è difficile mettere a fuoco il pianeta.

3.4.8. Giove nel rosso, ripreso con una *webcam* a 57° dal Sole.

Distinguere il pianeta gassoso sul monitor, nel visibile, è davvero arduo; occorre mascherare la luce del Sole per aumentare il contrasto dello schermo e solo allora si dovrebbe riuscire a individuare una debole palla giallo arancio, assolutamente priva di dettagli.

Mettere a fuoco è complicato. Si consiglia di effettuare diversi filmati focheggiando ogni volta; in questo modo, saremo abbastanza sicuri di avere almeno un filmato correttamente a fuoco.

Dall'esame di un *frame* grezzo sembra quasi impossibile ottenere un'immagine decente; è lecito anche domandarsi se i programmi in nostro possesso saranno capaci di riconoscere il pianeta e allineare e sommare le singole immagini. La risposta è affermativa.

Utilizzando un filtro infrarosso è possibile anche mettere in luce i maggiori satelliti del pianeta. Con una camera CCD e un filtro da 1000 nm ho potuto assistere all'eclisse di un satellite in pieno giorno. A queste lunghezze d'onda, inoltre, l'aspetto globale del pianeta cambia molto: la Grande Macchia Rossa si fa luminosa, mentre le bande e le zone, a causa dell'assorbimento del metano, diventano piuttosto scure.

3.4.9. Giove e i satelliti galileiani ripresi in infrarosso (1 μm) con camera CCD, a 40° dal Sole.

Per osservazioni proficue, comunque, l'uso di un filtro infrarosso così spinto non è necessario, in quanto la luminosità del pianeta diminuisce, con conseguente aumento del tempo d'esposizione e peggioramento delle condizioni a causa della turbolenza.

Un buon filtro da 700 nm potrebbe essere la soluzione ideale fino a una separazione dal Sole di 50-60°; per separazioni minori di questa, occorre un filtro da 1 μm.

Sarebbe interessante mettere alla prova il limite della nostra strumentazione e capire quanti e quali dettagli si possono riprendere di giorno. Perché non provarci? I risultati possono davvero stupire.

3.4.10. Immagine diurna di Giove e dei suoi satelliti, al limite del potere risolutivo del telescopio che, alle lunghezze d'onda di 1 μm, è praticamente la metà che nel visibile. Solito telescopio Schmidt-Cassegrain di 23 cm, filtro IR da 1 μm e camera CCD.

3.4.8 Saturno

Con Saturno le cose cambiano ancora e in peggio. Se Giove risulta di difficile osservazione anche a una distanza considerevole dal Sole, Saturno è decisamente invisibile anche attraverso un telescopio di oltre 20 cm, a qualsiasi distanza dal Sole.

Forse con un cielo molto trasparente, un filtro polarizzatore e un telescopio di generoso diametro si può riuscire a intravvederlo in prossimità della quadratura. Devo però ammettere di non aver provato ancora questa combinazione, ma spero che, per l'importanza che riveste il monitorare i pianeti anche di giorno, qualche astrofilo possa effettuare la prova.

È possibile che, con l'uso dei soliti filtri infrarossi, si possano ottenere immagini interessanti che mostrino i principali dettagli del pianeta. Certo, in queste condizioni, riprendere Saturno di giorno è più un passatempo che altro, visto che la risoluzione raggiungibile è ancora lontana da quella accettabile per immagini esteticamente gradevoli o scientificamente interessanti.

Il pianeta si mostra sempre piuttosto debole, il che costringe a impiegare tempi di esposizione piuttosto lunghi (oltre 1 secondo) e ad accontentarsi sempre e comunque di un basso rapporto segnale/"rumore".

L'atmosfera di Saturno, simile in composizione a quella di Giove, tende ad essere piuttosto opaca per lunghezze d'onda oltre gli 800 nm; per questo un buon compromesso può essere l'utilizzo di un filtro da 700-750 nm. È interessante infatti notare come l'aspetto del pianeta sia, anche in questo caso, molto diverso rispetto alle riprese in visibile. Il globo si presenta piut-

3.4.11. Saturno di giorno è molto difficile da riprendere anche con un filtro IR da 1 μm. Il contrasto con il fondo cielo è assai ridotto.

tosto scuro, con una banda luminosa nella zona equatoriale; il sistema degli anelli è molto brillante. Se si usano tempi di esposizione brevi, la sensazione è di avere davanti un sistema di anelli privo del pianeta centrale!

Nessuna speranza invece di riuscire a riprendere il satellite maggiore, Titano, almeno dagli studi che ho condotto sotto un cielo di pianura e senza l'ausilio di un filtro polarizzatore. Titano, oltre ad essere poco brillante (magnitudine visuale 8,2), ha un'atmosfera composta principalmente da metano e quindi risulta ancora più debole nell'infrarosso. In ogni caso, sarei molto lieto di essere smentito!

Sebbene le riprese non mostrino una risoluzione irresistibile, oltre alla sfida tecnica vi è una reale utilità scientifica anche nel riprendere Saturno di giorno, perché anche questo pianeta richiede un monitoraggio continuo, soprattutto quando si avvicina prospetticamente al Sole, periodo nel quale il numero delle riprese disponibili si riduce drasticamente.

3.4.9 Le stelle

Abbiamo visto come sia possibile osservare di giorno tutti i pianeti del Sistema Solare che di notte sono visibili a occhio nudo. E le stelle? Eventualmente, fino a che magnitudine? Facciamo un'analisi oggettiva. Se sono visibili i satelliti di Giove, di aspetto praticamente puntiforme e di magnitudine visuale compresa tra la 5 e la 6, saranno certamente visibili almeno le stelle più brillanti. Perché non fare qualche prova con la stessa strumentazione per vedere quante e quali stelle possiamo osservare di giorno?

Per tentare l'osservazione delle stelle occorre usare un filtro IR da 1000 nm, la lunghezza d'onda più lunga alla quale i sensori digitali sono ancora sensibili. Con questa configurazione si riesce effettivamente a osservare molte stelle brillanti, come Spica, Sirio e altre ancora.

Correggere le immagini con una buona ripresa di *flat field* è importantissimo, per eliminare i forti gradienti di luminosità presenti nell'immagine grezza: basta far uscire la stella dal campo e riprendere direttamente il cielo. Semplicissimo, velocissimo e dai risultati perfetti! E allora quali sono le stelle più deboli che possiamo riprendere? Non lo si può affermare con certezza, in quanto la scala di magnitudini che usiamo comunemente si riferisce alla banda del visuale; inoltre, la visibilità della stella, come di ogni altro corpo osservato di giorno, dipende criticamente dalla trasparenza del cielo e dalla distanza angolare dal Sole.

Tutte le stelle visibili a occhio nudo di notte possono essere riprese con un semplice

3.4.12. Tre stelle riprese di giorno a distanze variabili tra 40° e 70° dal Sole, in luce infrarossa (filtro da 1 µm) e camera CCD. Da sinistra a destra: SAO109627 m = 4,27; Spica m = 0,98; Mira (*omicron* Ceti). Le magnitudini si riferiscono al visibile; per questo in infrarosso i rapporti tra le luminosità cambiano notevolmente.

telescopio munito di filtro infrarosso. A mo' d'esempio, consideriamo la ripresa di due stelle di magnitudine molto diversa, come Spica e Mira (*omicron* Ceti): la prima appare molto più debole della seconda, che è la famosa variabile cataclismica nella Balena, anche se osservata lontano dal massimo di luminosità (oltre un mese dopo, nella ripresa che pubblichiamo).

È possibile identificare la separazione minima dal Sole affinché le stelle siano visibili con relativa facilità: circa 20°. A questa distanza solo le stelle più luminose sono visibili. A 40-45° sono visibili oggetti come i satelliti di Giove e stelle più deboli. Oltre questa distanza si osservano senza problemi tutte le stelle che possiamo ammirare in una limpida notte a occhio nudo: una bella soddisfazione! Personalmente credo che con un cielo estremamente trasparente come quello di montagna si possano raggiungere risultati ancora migliori e magari riprendere anche qualche oggetto diffuso. Tuttavia, nessuno finora è riuscito (forse neanche ci ha provato) a riprendere di giorno una nebulosa o un ammasso stellare. Perché non provarci?

3.4.10 Non solo stelle e pianeti

Il passaggio ravvicinato al Sole della cometa McNaught mi ha dato l'occasione, nella prima metà del gennaio 2007, di spingere ancora oltre i limiti della strumentazione nelle riprese diurne. Le comete, seppure brillanti, rappresentano una difficile sfida. Se il falso nucleo appare luminoso e di aspetto stellare, quindi facile da riprendere, per la coda, di aspetto diffuso, serve necessariamente un cielo davvero trasparente.

Vale la pena di riportare la mia personale esperienza con la McNaught, in quella che inizialmente sembrava una vera e propria pazzia: una ripresa diurna della cometa, a pochi gradi dal Sole, che mostrasse anche la coda.

Il primo tentativo avvenne il 12 gennaio 2007, quando la cometa distava non più di 7° dal Sole. Il cielo, fortunatamente, era abbastanza trasparente e questo mi aiutò molto.

Due furono i principali problemi da risolvere e che chiunque dovrebbe tenere presenti qualora volesse effettuare riprese di oggetti così vicini al Sole e in rapido movimento apparente.

Per prima cosa, bisogna disporre di effemeridi precise. Non basta avere la posizione calcolata per la mezzanotte: occorrono effemeridi precise almeno entro l'ora.

In secondo luogo, v'è una notevole difficoltà nell'osservare oggetti angolarmente vicini al Sole, dovuta al fatto che la luce della nostra stella entra nel telescopio e può produrre danni, soprattutto se si utilizzano telescopi a specchi. Bisogna assolutamente

3.4.13. La cometa McNaught ripresa a soli 7° dal Sole. A sinistra, un'immagine grezza con esposizione di 1 s non sembra promettere gran che. A destra, la stessa immagine dopo essere stata calibrata con un *dark frame* e soprattutto con un *flat field*. Telescopio Newton di 25 cm diaframmato a 3 cm, filtro IR da 1 μm e camera CCD.

3.4.14. La cometa McNaught: l'immagine rappresenta la somma di 400 riprese. Quasi non si crederebbe che questa immagine sia stata ottenuta in un soleggiato primo pomeriggio invernale.

schermare la luce solare e non farla entrare nel telescopio: io ho risolto il problema diaframmando eccentricamente il mio strumento a un'apertura di 5 cm. La diaframmatura è stata molto utile per evitare che la camera CCD andasse completamente in saturazione in una zona di cielo troppo brillante anche per un filtro IR da 1 μm e un'apertura di 25 cm. Volendo condurre osservazioni visuali, è consigliabile, oltre che eseguire la diaframmatura, schermare in modo sicuro il Sole, magari spostandoci dietro un palazzo, così da avere la certezza di non correre rischi e di ottenere una migliore visione.

Presi questi accorgimenti, la procedura da seguire resta sempre la stessa: si mette il filtro solare, si punta il Sole e si sincronizza il GOTO (o si regolano i cerchi graduati); se la luce non è troppa, si inserisce la camera CCD e si fa il fuoco direttamente sul Sole. Le comete sono oggetti nebulosi e non è facile eseguire una precisa messa a fuoco direttamente sull'oggetto; molto meglio farla sul Sole. Eseguita la procedura, si punta la cometa e si toglie il filtro solare; si controlla ancora una volta che lo specchio secondario del telescopio non sia illuminato dalla luce solare e il gioco è fatto.

Una volta trovata, la McNaught si mostrò subito evidentissima nel campo della camera CCD munita del solito filtro IR da 1 μm: più luminosa di Mercurio e poco meno di Venere. L'aspetto, tuttavia, era quasi stellare; su immagini singole a monitor la coda non era per niente visibile, se non (forse) nelle regioni immediatamente vicine al falso nucleo. Ma non mi bastava il falso nucleo: serviva almeno un accenno di coda, altrimenti che cometa era? Per riprendere la coda cercai di eseguire l'esposizione più lunga possibile prima che il sensore andasse in saturazione.

Cominciai a riprendere molte immagini; alla fine ne raccolsi 400, tutte piuttosto scadenti quanto a qualità. L'applicazione di un *dark frame*, ma soprattutto di un *flat field*, ebbe effetti miracolosi; ora la singola immagine grezza si presentava completamente diversa e mostrava già la bellezza della cometa. Eseguita la calibrazione su tutti e 400 i *frame*, eseguii la media e una leggera elaborazione.

3.5 I *time-lapse* in astronomia: l'Universo in movimento

Il cielo ospita situazioni altamente dinamiche: dalla variabilità di gran parte delle stelle, allo sviluppo delle aurore boreali, al continuo ribollire della fotosfera della nostra stella, all'andamento fotometrico di una supernova extragalattica. Tutto è in movimento, anche se a velocità angolari troppo lente per l'occhio umano. Se si trovasse il modo di accelerare il normale scorrere del tempo, si presenterebbe dinnanzi a noi una volta celeste spettacolare.

Il filmati *time-lapse* astronomici sono la naturale evoluzione del lavoro di tutti coloro che si dedicano alla fotografia astronomica e rappresentano, con uno sforzo minimo, un fantastico strumento didattico e scientifico per gettare un occhio sugli eventi del nostro Universo. I *time-lapse* mostrano in pochi secondi l'evoluzione di un fenomeno che in generale richiede ore, giorni o addirittura mesi per potersi completare.

Una videocamera riprende una serie di immagini ogni secondo (in genere 25-30): queste poi, proiettate su uno schermo, fanno vedere all'occhio una scena in movimento. Cambiando la frequenza delle riprese, ma non la velocità di riproduzione, si può accelerare il normale scorrere del tempo. Ad esempio, riprendendo un fotogramma ogni secondo e proiettando alla velocità di 30 fotogrammi al secondo vedremo il fenomeno accelerato di 30 volte: abbiamo costruito un filmato cosiddetto *time-lapse*.

Ha senso alterare il corso del tempo in tutte quelle situazioni nelle quali un evento si verifica in modo molto lento, come il movimento delle nuvole o la rotazione della sfera celeste, un'occultazione o il moto dei satelliti di Giove, situazioni che richiedono ore o giorni per completarsi, e che perciò perdono interesse e spettacolarità all'occhio umano.

La tecnica si presta ad applicazioni naturalistiche, fisiche e anche commerciali (quasi in ogni film sono presenti scene *time-lapse*), ma è ancora poco utilizzata in ambito astronomico.

L'astrofilo la utilizza generalmente per costruire semplici animazioni che mostrano la rotazione di pianeti brillanti, come Giove o Marte: in realtà, vi sono molte altre interessanti applicazioni. Ecco qualche idea: eclissi lunari e solari, occultazioni e congiunzioni, avvicinamenti planetari, evoluzione dei dettagli solari (granulazione, macchie, protuberanze) e planetari (atmosfere di Giove, calotte di Marte, diametro e fasi di Venere); variabilità di alcune stelle, evoluzione fotometrica di supernovae, moto di pianeti-comete-asteroidi nel cielo e loro evoluzione (in particolare delle comete); analemma solare, rotazione della sfera celeste, piogge di meteore; librazioni e fasi lunari, inclinazione degli anelli di Saturno nel corso degli anni, e molto altro ancora.

3.5.1 Caratteristiche di un buon *time-lapse*

Le caratteristiche principali di un buon filmato *time-lapse* sono sostanzialmente la fluidità e la durata complessiva, due parametri fra loro collegati.

La fluidità dell'immagine deriva, oltre che da un *frame rate* in fase di montaggio compreso tra 20 e 30 *frame* al secondo (fps), soprattutto da un corretto campionamento temporale, cioè dall'intervallo di tempo che intercorre tra due scatti successivi. Se tale intervallo è troppo lungo e se il fenomeno ripreso varia sensibilmente da un'esposizione all'altra, il filmato finale risulterà a scatti a prescindere dal *frame rate* utilizzato in fase di montaggio. D'altra parte, se si effettuano scatti troppo ravvicinati il video risulta fluido ma troppo lento e poco spettacolare. Naturalmente, tra i due mali è preferibile il secondo poiché con immagini in sovrabbondanza si può operare una selezione, cosa che non è possibile fare quando le immagini mancano.

L'intervallo di tempo tra le immagini deve essere assolutamente costante (per questo occorre che sia regolato da un *software* apposito); particolare attenzione va posta alla messa a fuoco, che va controllata periodicamente nel corso della notte poiché giochi e/o sbalzi termici possono farla variare in modo sensibile.

La fase della ripresa è quella che determina la qualità del filmato finale e quindi va particolarmente curata. La successiva riduzione dei dati (elaborazione, eventuale calibrazione e allineamento) e il montaggio sono passi che non possono migliorare la qualità, ma solo sfruttarne tutto il potenziale.

La durata ideale di un filmato dovrebbe essere compresa tra 20 secondi e un paio di minuti, il tempo necessario per apprezzare l'evoluzione del fenomeno senza annoiarsi.

3.5.2 Campionamento temporale

Di seguito daremo qualche indicazione concreta su come decidere il campionamento temporale, ossia su come temporizzare gli scatti, partendo dal presupposto di una durata del *time-lapse* di 20-120s e di un *frame rate* di 20-30 immagini al secondo.

Per le applicazioni che mostrano il movimento di corpi celesti o le eclissi (casi quindi in cui i dettagli del corpo celeste non variano, ma varia la posizione dello stesso o dell'ombra), l'intervallo tra due immagini successive è quello per il quale lo spostamento dell'oggetto è minore o uguale a 2-3 *pixel* rispetto al formato finale del filmato. Tale frequenza di campionamento garantisce la fluidità, ma può essere variata a seconda della durata finale del filmato e/o del fattore di compressione temporale che si vuole dare.

Per le applicazioni tese a evidenziare variazioni morfologiche di dettagli, come ad esempio la granulazione fotosferica, è invece necessario stimare la scala temporale tipica del fenomeno, dividendola poi, in modo empirico, per un fattore compreso tra 80 e 100 (che dipende anche dalla risoluzione alla quale si riprende).

Purtroppo, esistono fenomeni, come ad esempio le protuberanze solari, per i quali non è possibile prevedere a priori la durata o la scala temporale di variazione; in questi casi, ci si affida alla sorte, tenendo presente che è sempre meglio avere immagini in abbondanza piuttosto che il contrario.

In alcuni casi il campionamento temporale e la durata sono imposti dalla Natura ed è impossibile ottenere un filmato fluido, in particolare per quegli eventi il cui tempo caratteristico di evoluzione si misura in giorni, mesi o addirittura anni (cambiamento dell'inclinazione degli anelli di Saturno, moto proprio di pianeti lontani, analemma solare ecc.). In queste situazioni ci si deve accontentare di poche immagini e di un filmato a scatti, che comunque mantiene una certa spettacolarità, per il fatto di mostrare un evento molto raro. L'intervallo di tempo sarà quindi quello imposto dalla Natura, ad esempio di un'immagine al giorno se si vuole seguire per intero una lunazione.

3.5.3 Come montare un filmato

La realizzazione di un buon filmato *time-lapse* deve prendere in considerazione alcune variabili importanti ed essere pianificata nei minimi dettagli perché un eventuale errore non potrà essere quasi mai corretto. Sono richiesti impegno, costanza e assoluta coscienza di come svolgere il lavoro. Per questo, prima di affrontare qualsiasi progetto, è necessario programmare meticolosamente ogni operazione. La costruzione avviene per tappe, partendo dalla programmazione e arrivando fino al montaggio.

Scelta del soggetto. Bisogna anzitutto analizzare la sua durata totale, la velocità con cui si sviluppa, la scala spaziale, la luminosità, la possibilità di poterlo effettivamente seguire per tutta la durata.

Scelta della strumentazione. Se si vuole riprendere un'eclisse di Luna, sarà d'obbligo l'uso di un piccolo telescopio posto su una montatura equatoriale motorizzata al quale collegheremo una *digicam* a colori o, in alternativa, una *webcam*. Se invece si vuole mettere in mostra la rotazione della sfera celeste attorno al polo nord, serviranno solo un treppiede e una fotocamera munita di un comune obiettivo.

La strumentazione dipende dall'evento che si vuole riprendere ed è sempre importante fare alcune prove preliminari per regolare l'esposizione e la messa a fuoco, per prevedere l'uso eventuale di filtri, nonché per decidere la risoluzione alla quale scattare. Chi utilizza le *digicam* troverà superfluo scattare alla massima risoluzione, poiché costruire un filmato da 8 e più milioni di *pixel* è impossibile. Molto più realistico è un valore che va da 1 a 2,5 Mp (due standard video attualmente in commercio sono il 1280×720 per l'HD e il 1920×1080 per il Full HD; queste sono le risoluzioni massime consigliate). Se non si hanno problemi di spazio, si possono catturare immagini a piena risoluzione da scalare successivamente, ma è sempre consigliato, anche per risparmiare tempo, scattare con la risoluzione prossima a quella prevista per il filmato finale. Per trovare il giusto campionamento temporale occorre riferirsi sempre alla risoluzione finale del filmato.

Programmazione degli scatti. Programmare accuratamente la cadenza degli scatti è il punto veramente decisivo per la riuscita di qualsiasi filmato *time-lapse*. La durata delle esposizioni e la cadenza delle riprese devono mantenersi sempre le stesse, in modo che gli scatti risultino qualitativamente simili; il bilanciamento del colore sarà rigorosamente bloccato, così come lo zoom, il diaframma e la sensibilità. Si utilizzi un *software* specifico, impostando l'intervallo di tempo tra gli scatti e l'opzione di salvataggio automatico; se avete la funzione *time-lapse* sulla *digicam* impostatela correttamente e calcolate quanto spazio vi serve sulla scheda di memoria (e verificate lo stato delle batterie!). Una volta iniziata, la sessione non va mai interrotta se non per gli interventi strettamente necessari, e non si muoverà mai il supporto. Disponendo di un inseguimento equatoriale motorizzato, potrebbe essere utile l'autoguida su uno strumento in parallelo; non sarà perfetta la guida, specie se si riprende in alta risoluzione, ma si potrà poi procedere all'allineamento dei *frame* in fase di elaborazione.

Elaborazione delle immagini. Come ogni immagine astronomica, anche quelle che andranno a comporre un filmato devono essere elaborate, naturalmente tutte allo stesso modo per conservare una qualità identica. Eventuali *stretch*, regolazione dei livelli e del colore devono essere gli stessi per ognuna; anche in questo caso, si potrebbe automatizzare il processo costruendo semplici macro che provvedono a fare tutto il lavoro più noioso.

Allineamento. Se si utilizza una montatura equatoriale, le immagini dovranno essere allineate poiché nessun inseguimento è perfetto. L'allineamento va fatto con le stesse modalità che si seguono per un qualsiasi insieme di riprese fotografiche; in questo caso, però, non dovremo sommare le immagini. Una volta eseguita anche questa eventuale fase, salvate tutti i *file* nel formato *jpg*, con la minima compressione.

Montaggio del filmato. È la sola novità rispetto alla normale fotografia astronomica. Una volta ottenuta una serie di immagini qualitativamente identiche e allineate, dovrete solo montare il filmato con un procedimento facile e automatico, grazie al programma *VirtualDub* che potrete trovare in Internet, scaricandolo gratuitamente.

3.6 *Imaging* con tecniche non convenzionali

Abbiamo avuto modo di rimarcare nelle pagine precedenti come l'*imaging* delle sorgenti celesti, dai pianeti alle lontane galassie, preveda tecniche e strumentazioni molto differenti rispetto alla normale fotografia naturalistica. In particolare, abbiamo notato che per l'*imaging* dei corpi del Sistema Solare occorrono camere planetarie appositamente progettate o *webcam* opportunamente modificate, con la rimozione dell'obiettivo; per non dire degli oggetti dello spazio profondo, che sono milioni di volte più deboli di qualunque

soggetto da riprendere in luce diurna, e per i quali occorrono camere di ripresa appositamente progettate e tempi di esposizione superiori a diverse decine di minuti.

Negli anni passati, quando ancora la tecnologia digitale non aveva conquistato il mercato mondiale, era necessario scegliere alcune particolari pellicole appositamente progettate per l'uso astronomico, magari da sottoporre al lungo e tedioso processo di
ipersensibilizzazione. Per ottenere una ripresa accettabile, occorreva infliggersi vere e
proprie torture, come la guida manuale – magari per un'ora, o anche più – attraverso un
telescopio in parallelo su cui era montato un reticolo illuminato. Le riprese degli oggetti
del Sistema Solare erano molto difficoltose anche con i più avanzati strumenti professionali e raramente si raggiungevano risoluzioni migliori di 1".

In questi anni, la tecnologia digitale ha rimpiazzato la vecchia pellicola e ha avuto
uno sviluppo sorprendente anche in altri settori. Un esempio particolarmente significativo: i sensori di ripresa digitale si trovano ormai su ogni telefono cellulare e sono accessibili anche a costi irrisori.

Oggigiorno, la fotografia dilettantistica naturalistica e quella astronomica non sono più
così separate e diverse come erano in passato. La fotografia astronomica si può fare anche
senza disporre necessariamente di una strumentazione particolare. L'esempio più eclatante
è quello delle *webcam*, ma ora ne presenteremo altri, forse ancora più stupefacenti.

Tutti i sensori di ripresa digitale possono essere utilizzati per effettuare riprese astronomiche. Naturalmente, poiché non sono nati a quello scopo (come alcune *webcam*), i
risultati presenteranno limiti, sia qualitativi che quantitativi. In ogni caso, ora molto più
che in passato, ciascuno di noi può prendere, anche solo come un piacevole ricordo, una
fotografia di un'eclisse, di un cratere lunare o di una protuberanza solare.

La materia prima dalla quale non si può prescindere è uno strumento ottico completo,
posto su una montatura equatoriale, possibilmente motorizzata.

3.6.1 Il metodo afocale

Le fotocamere digitali compatte molto economiche, o addirittura le fotocamere dei telefoni cellulari, possono essere utilizzate con discreto successo nell'*imaging* dei corpi
celesti più luminosi, quali il Sole, la Luna e qualche congiunzione planetaria a grande
campo. Il loro impiego sui pianeti è limitato, poiché la qualità delle immagini non sarebbe
adeguata; ciononondimeno, si possono riprendere gli anelli di Saturno, le fasi di Venere o
le bande di Giove.

Tutte le camere digitali alle quali non si può togliere l'obiettivo possono essere utilizzate nel cosiddetto *metodo afocale*, che consiste nell'avvicinare l'obiettivo della fotocamera all'oculare del telescopio, riprendendo attraverso di esso: in pratica, si
sostituisce l'occhio con il sensore digitale, munito di obiettivo.

Ci si potrebbe chiedere: se è così semplice e naturale, perché non si utilizza normal-
mente questo metodo, e invece si sta a smontare l'obiettivo di ogni camera di ripresa? I
motivi sono sostanzialmente due:

1) Il metodo afocale non produrrà mai immagini della stessa qualità di quelle ottenibili con la tecnica classica, a causa della presenza di un forte numero di lenti in-
terposte, che introducono inevitabili aberrazioni ottiche, soprattutto quelle degli
obiettivi molto economici delle *webcam* e dei telefoni cellulari.

2) Nel caso di riprese del cielo profondo subentra anche il fattore ingrandimento:
con il metodo afocale, l'immagine viene ingrandita di troppe volte, con un calo
importante della luminosità superficiale. A ciò si deve aggiungere il calo di lumi-

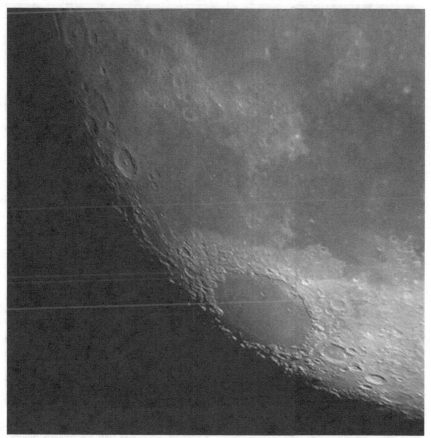

3.6.1. Immagine lunare a media risoluzione ottenuta con il metodo afocale. Il grande sensore delle economiche fotocamere compatte permette di realizzare spettacolari immagini con un singolo scatto.

nosità per l'assorbimento delle molte lenti attraversate dalla luce. È bene infatti ricordare che, sebbene possano essere trattate con i più avanzati sistemi antiriflesso, tutte le lenti assorbono in media tra il 5 e il 15% della luce incidente. Interporre un sistema composto da: obbiettivo del telescopio (di almeno due elementi), oculare (almeno 5-7 elementi) e obbiettivo della fotocamera (almeno 3-4 elementi) significa perdere oltre il 50% della luce incidente.

Ecco perché il metodo afocale deve essere considerato l'ultima delle opzioni da chi desidera effettuare riprese astronomiche con la propria fotocamera: se possibile, è meglio evitarlo.

Le normali fotocamere compatte sono gli strumenti ideali per il metodo afocale: ponete un oculare nel vostro telescopio, puntate la Luna (o il Sole, ma con un filtro!), appoggiate sull'oculare la vostra fotocamera con la mano più ferma possibile e scattate.

Fate in modo che la Luna occupi almeno l'80% del campo: in queste condizioni si ha la massima probabilità di una corretta messa a fuoco e del giusto tempo d'esposizione.

L'esposizione corretta è senza dubbio il punto più critico. Se la fotocamera non permette regolazioni manuali, si deve fare in modo che il campo sia coperto il più possibile,

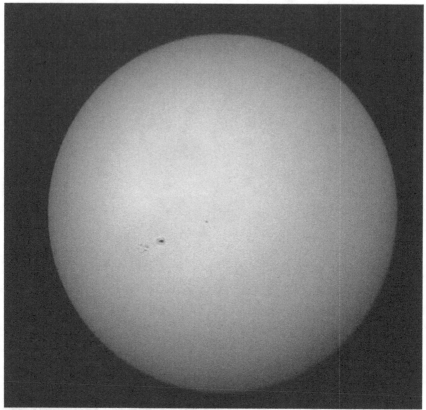

3.6.2. Il disco solare ripreso con una fotocamera digitale compatta. Inserendo oculari di diversa focale, oppure variando la distanza dell'obbiettivo dall'oculare, è possibile ingrandire l'immagine. Questo risultato è ora alla portata di una normale fotocamera di ogni telefono cellulare.

poiché i sensori esposimetrici calcolano il tempo d'esposizione facendo la media tra le zone luminose e quelle scure; se queste ultime sono prevalenti (il fondo cielo scuro) l'immagine dell'oggetto celeste verrà quasi sicuramente sovraesposta.

Alcune fotocamere permettono la lettura dell'esposimetro in modalità *spot*, cioè calcolata solamente in un punto (di solito quello centrale): impostando questa modalità e centrando il dettaglio lunare (o solare) desiderato, avremo un'esposizione ottimale.

La messa a fuoco non è mai critica, a patto che l'immagine restituita dall'oculare sia già a fuoco; basterà guardare dentro l'oculare per sincerarsene o eventualmente per aggiustare il fuoco: poi, senza toccare nulla, si accosterà l'obbiettivo della fotocamera alla lente esterna, esattamente al posto del vostro occhio.

Se disponete di un raccordo in grado di collegare saldamente la fotocamera all'oculare, impostate la sensibilità al minimo (tipicamente 64-100 ISO) per ridurre il "rumore" dell'immagine; effettuate poi almeno una decina di scatti che andrete in seguito a sommare con i classici programmi di elaborazione. Se non disponete di un supporto, cercate la posizione più stabile possibile; in generale, la si trova appoggiando l'obbiettivo della fotocamera all'oculare, magari utilizzando un diagonale a specchio.

Cercate il giusto compromesso tra sensibilità (che comunque non deve essere oltre i 400 ISO), ingrandimento e tempo di esposizione. Non usate tempi più lenti di 1/30s, altrimenti è molto probabile che la foto vi verrà mossa. Sommate anche in questo caso almeno una decina di immagini.

Seguendo questi semplici accorgimenti è possibile ottenere risultati discreti, sicuramente impensabili solo fino a qualche anno fa.

3.6.3. Venere (in alto) e Saturno (in basso) catturati con il metodo afocale e con una normale fotocamera compatta. Su questi oggetti poco estesi le prestazioni non sono all'altezza delle più economiche *webcam*.

Il Sole è un facile bersaglio con il metodo afocale, soprattutto a bassi ingrandimenti e quando mostra grandi gruppi di macchie. La ripresa attraverso fotocamere a grande formato si rivela nettamente più spettacolare di quella con le classiche *webcam* che, a causa del piccolo campo, possono restituire solamente piccole porzioni del disco della nostra stella (e della Luna). In questi casi, le fotocamere digitali compatte sono un'ottima alternativa ai mosaici lunari e solari: invece di scattare molte immagini con un sensore da 640×480 *pixel*, potete, con un ingrandimento opportuno, scattare una magnifica panoramica da 8 e oltre milioni di *pixel* con la vostra macchina digitale.

Con gli altri corpi del Sistema Solare si hanno risultati generalmente modesti. La loro debole luminosità (rispetto al Sole e alla Luna) costringe a utilizzare supporti appositamente progettati, reperibili nei negozi di materiale astronomico, generalmente adatti a ogni tipo di fotocamera. Non vale comunque la pena di acquistarli: chi è seriamente interessato all'*imaging* degli oggetti del Sistema Solare dovrebbe lasciare perdere questo metodo, che si rivela utile e divertente solo in certi casi e per alcuni corpi celesti (Sole e Luna).

L'acquisto di costosi accessori in grado di riprendere qualche pianeta non appare giustificato dai risultati ottenibili, di gran lunga inferiori a quelli di una semplice (e più economica) *webcam*.

3.6.2 Le riprese con un telefono cellulare

Il 3 ottobre 2005 mi trovavo a Moraira, sulla costa spagnola, 70 km a sud di Valencia, a seguire l'eclisse anulare di Sole, equipaggiato con un piccolo rifrattore acromatico di 8 cm f/5, al quale avevo aggiunto una lente di Barlow 3× e collegato una fotocamera tradizionale, priva del suo obbiettivo, per riprendere le fasi dell'eclisse.

Dopo qualche minuto dall'inizio, una piccola folla di curiosi cominciò a radunarsi

3.6.4. Fase parziale dell'eclisse anulare di Sole del 3 ottobre 2005, ripresa con la fotocamera di un telefono cellulare collegata a un piccolo rifrattore acromatico di 8 cm.

3.6.5. La Luna ripresa con la fotocamera da 1,3 Mp (milioni di *pixel*) di un telefono cellulare.

attorno alla mia postazione: ben presto molte persone vollero osservare con il mio strumento l'eclisse di Sole, guardando attraverso il mirino della fotocamera (che funziona alla stregua di un oculare e quindi mostra l'immagine a fuoco).

Ad alcuni turisti diedi i miei occhialini con filtro solare per osservare a occhio nudo il Sole in tutta sicurezza. Dopo qualche minuto, li vidi intenti a fotografare con il proprio cellulare, anteponendo ad esso gli occhialini. Fu osservando questi turisti che provai anch'io ad ottenere una fotografia appoggiando la fotocamera del mio telefono cellulare al mirino della macchina fotografica. Il primo scatto che ne uscì fu assolutamente sorprendente; il disco solare eclissato era ben visibile, perfettamente a fuoco e correttamente esposto: la fotografia era molto buona!

A quel punto, proposi ai curiosi che mi circondavano, che ormai erano almeno una trentina, di scattare con i loro cellulari una foto ricordo dell'eclisse. Così, il mio piccolo rifrattore fu al centro dell'attenzione di tutti. Il successo fu incredibile: in meno di mezz'ora ho scattato almeno 50 immagini e le persone intorno a me erano davvero contentissime che i loro modesti cellulari fossero riusciti a catturare un evento così insolito e strano. Io stesso decisi di continuare a perfezionare la tecnica e ottenni belle foto ricordo.

Tornato a casa, cercai di capire i limiti e le possibilità delle comuni fotocamere dei telefoni cellulari. Effettivamente c'era almeno un altro corpo celeste, forse ancora più interessante del Sole, che poteva essere ripreso: la Luna. Utilizzai allora il mio telescopio di 23 cm, munito di oculare di 25 mm, al quale accostai, rigorosamente a mano, la fotocamera da 1,3 Mp (Mega *pixel*) del mio telefono cellulare.

La Luna copriva quasi tutto il campo; questo permise all'esposimetro automatico di regolare perfettamente l'esposizione e, grazie all'elevato contrasto dei dettagli lunari, anche la messa a fuoco. Sommai una decina di scatti ed ottenni la mia prima immagine lunare scattata con un telefono cellulare.

Si notavano molto bene i principali crateri e la qualità, dopo una leggerissima elaborazione, non era affatto male, per essere stata ottenuta con un metodo così spartano e un sensore così "comune".

Le prove proseguirono: aumentando gli ingrandimenti ottenni risultati molto incoraggianti. Naturalmente, la qualità non si può dire pari a quella ottenibile con una camera e una tecnica appropriate, ma la fotografia con il cellulare ha dalla sua il fatto d'essere un curioso passatempo che evita la necessaria presenza di un computer e la spesso noiosa fase di selezione e somma dei migliori *frame*.

È sufficiente inserire un oculare nel proprio telescopio e accostarvi una fotocamera di un telefono cellulare per avere in pochi secondi un'immagine ricordo di una serata osservativa o una ripresa da inviare sul telefono di amici lontani.

Oltre alla Luna e alle eclissi, anche le macchie solari e le eventuali protuberanze (visibili con un apposito telescopio munito di filtro H-alfa solare) possono essere facilmente riprese con una normale fotocamera di un telefono cellulare. Anche in questi casi valgono le solite regole, con la particolarità che la quantità di luce è elevata, il che consente ingrandimenti maggiori.

3.6.3 Il profondo cielo con una *webcam*

Si è detto e ripetuto che, a causa della bassa sensibilità, della mancanza di un sistema di raffreddamento e della qualità del sensore non eccelsa, le *webcam*, e in generale le camere planetarie, non sono adatte alle riprese del cielo profondo. Tutto vero, ma ciò non esclude che si possa comunque provare a ottenere qualche risultato, pur sapendo che non sarà mai all'altezza di quelli ottenibili con le camere CCD astronomiche.

Alcuni appassionati, anche a causa del costo elevato delle camere CCD, si sono specializzati nella ripresa con la *webcam* degli oggetti del cielo profondo.

C'è da dire che, tranne rarissimi casi, il tempo di esposizione massimo di una *webcam*, che è dell'ordine di 1/5s, è troppo breve anche per gli oggetti più luminosi, con l'eccezione di qualche ammasso aperto particolarmente brillante. Con il tempo di esposizione minimo consentito, raccogliendo almeno 3000 singoli *frame* (da sommare), i risultati ottenibili, in termini di magnitudine limite, sono paragonabili a quelli dell'osservazione visuale. Per esempio, con un telescopio di 23-25 cm si può raggiungere la magnitudine 14,5, circa la stessa che l'occhio umano raggiungerebbe osservando all'oculare sotto un cielo scuro: sufficiente per vedere alcuni dei satelliti planetari, ma non per gli oggetti del profondo cielo. Questo è il motivo per cui, chi volesse adottare questi strumenti per le riprese *deep-sky*, dovrebbe prendere in seria considerazione l'opportunità di effettuare una modifica all'elettronica della propria *webcam*, che permetta di aumentare a piacere il tempo di posa.

Molti astrofili e qualche rivenditore di materiale astronomico si sono specializzati nella modifica di queste camere di ripresa economiche. Alcuni, addirittura, propongono la sostituzione del sensore originale con uno di maggiore qualità e sensibilità, privo della griglia di filtri colorati di Bayer, trasformando di fatto la *webcam* in una mini-camera CCD.

3.6.6. La cometa Q4 (Neat) ripresa il 16 maggio 2004 con una *webcam* e un obbiettivo di 50 mm. Somma di 2350 immagini con esposizione di 1/5s. La magnitudine limite è intorno alla 9,5, tutt'altro che disprezzabile per la strumentazione utilizzata.

3.6.7. Alcune riprese del cielo profondo eseguite da Andrea Console con la sua *webcam* modificata per le lunghe esposizioni. Telescopio Newton di 20 cm. Considerata la strumentazione utilizzata, si tratta di risultati eccezionali. Dall'alto in basso, da sinistra a destra: la galassia a spirale NGC 2903, la spirale M104, la galassia M51 e la nebulosa planetaria Eskimo (NGC 2392). Gli oggetti piccoli, ma con elevata luminosità superficiale, come alcune galassie e molte nebulose planetarie, sono gli obiettivi migliori per le *webcam* modificate.

La sostituzione del sensore originale sarebbe da prendere in considerazione anche da parte di tutti quegli appassionati interessati alle riprese del Sistema Solare che non vogliono abbandonare la propria camera e che ne desidererebbero una più performante, senza però affrontare spese eccessive.

Pioniere in questo campo è stato l'astrofilo americano Steve Chambers, che ha scritto ottimi articoli in merito alla modifica *hardware* (e anche *software*) delle *webcam*: un vero punto di riferimento per tutti gli astrofili appassionati anche di elettronica. Chi fosse interessato ad apprendere le modifiche che si possono effettuare su una comune *webcam*, troverà molto interessante il suo sito web: **http://www.pmdo.com/**. C'è veramente da rimanere stupiti di fronte alle potenzialità di queste piccole camere.

La modifica del sensore e, soprattutto, la possibilità di effettuare lunghe esposizioni permettono di catturare le immagini degli oggetti diffusi più brillanti, teoricamente almeno tutti quelli contenuti nel catalogo di Messier, che sono un centinaio e oltre, effettuando esposizioni di qualche decina di secondi che non richiedono neanche uno scomodo e macchinoso sistema di guida.

Se non sostituite il sensore originale, ma intervenite solo sui tempi di esposizione, avrete il vantaggio di riprendere immagini a colori in un colpo solo, senza dover effettuare il processo di tricromia con filtri colorati. Nonostante che la sensibilità e la qualità siano inferiori rispetto a quelle di un sensore identico in bianco e nero (in questi la sensibilità è maggiore di almeno il 30% e la risoluzione è doppia), i risultati ottenibili sono per certi aspetti migliori di quelli raggiungibili con le reflex digitali commerciali, che sono adatte solo per campi medio-larghi.

Grazie ai *pixel* di ridotte dimensioni e alla buona sensibilità, le *webcam* modificate sono ottime nella ripresa di oggetti angolarmente poco estesi, consentendo di raggiungere risoluzioni elevate anche con focali relativamente modeste. Nebulose planetarie e galassie luminose sono oggetti nei quali le *webcam* possono offrire risultati spesso entusiasmanti, benché mai all'altezza di quelli ottenibili con un sensore CCD ad uso esclusivamente astronomico; oltretutto, con una facilità quasi imbarazzante.

La magnitudine limite raggiungibile si estende ben oltre quella visuale attraverso lo stesso strumento, arrivando fino alla 19 per telescopi da 20-25 cm e sotto cieli molto scuri e trasparenti, che sono sempre determinanti in qualsiasi tipo di *imaging* profondo.

La versatilità delle *webcam* permette di collegarle praticamente a qualsiasi strumento, dal telescopio principale agli obiettivi fotografici, e, grazie al peso modesto, di catturare immagini anche con montature poco stabili o addirittura non motorizzate (con obiettivi a grande campo e pose brevi).

Le immagini del cielo profondo pubblicate in questo paragrafo sono state ottenute dall'astrofilo Andrea Console, che si è specializzato in riprese con una *webcam* ad uso planetario, modificata per le lunghe esposizioni, applicata a un telescopio economico di 20 cm, senza alcun sistema di controllo dell'inseguimento.

3.7 Fotografia chimica e digitale a confronto

La fotografia chimica è ormai stata archiviata dall'avvento prepotente sulla scena commerciale della tecnologia digitale, praticata dalla quasi totalità degli astrofotografi amatoriali e prassi consolidata da un quarto di secolo presso gli Osservatori professionali.

Per l'astronomo amatoriale, il problema è ancora costituito dal notevole costo dei sensori e dalla maggiore difficoltà d'uso: non di rado, i principianti, me compreso, ricorrono al supporto chimico per i loro lavori iniziali. C'è comunque un abisso tra la fotografia digitale e quella chimica, in particolar modo per quanto riguarda gli oggetti del Sistema Solare, per i quali il passaggio al digitale viene notevolmente agevolato dalla ridottissima spesa che una *webcam* richiede, di gran lunga minore rispetto al costo di una camera CCD per riprese astronomiche, o a quello di una reflex per fotografia chimica.

Abbiamo già accennato alla tecnica di ripresa con *webcam* nella fase introduttiva del capitolo 1, ma è bene ripeterci per fissare qualche punto fermo.

L'uso di una *webcam* per le riprese astronomiche ha due grandi vantaggi:

1) Riprendendo un filmato di 2m a 10 immagini al secondo abbiamo a disposizione un potenziale di 1200 singoli fotogrammi, che vanno poi mediati con l'uso di speciali *software*. La media riduce drasticamente il "rumore" della singola immagine e fa emergere un segnale nettamente più pulito di qualsiasi esposizione singola, sia essa effettuata su pellicola oppure con una camera CCD appositamente progettata per applicazioni astronomiche. Un'immagine morbida, cioè esente (o quasi) da "rumore", permette poi di eseguire un'elaborazione al computer abbastanza spinta da aumentare sensibilmente il contrasto e la visibilità dei dettagli (ciò che non si può fare con una fotografia classica).

2) La possibilità di riprendere molte immagini in breve tempo consente anche di limitare gli effetti dannosi della turbolenza atmosferica, cosa che invece non è possibile fare con le singole esposizioni su pellicola. Avendo a disposizione un

L'Universo in 25 cm

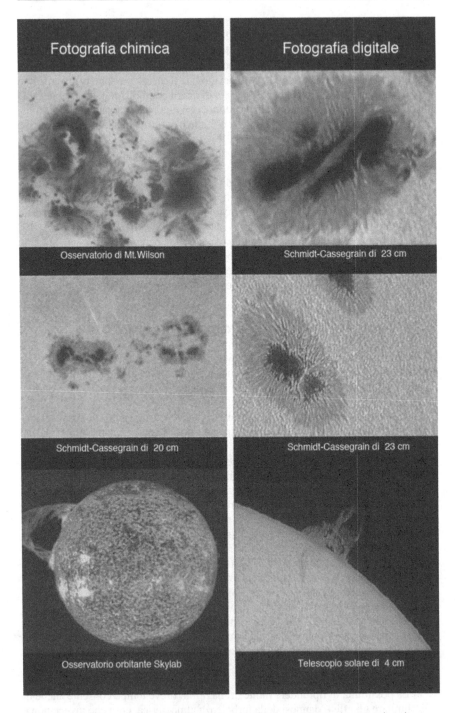

3.7.1. Confronto tra i risultati ottenibili sulla nostra stella con supporto chimico e digitale.

totale di oltre mille singole immagini, si potrà scegliere (o meglio, far scegliere in automatico a un programma) solamente i migliori *frame* grezzi, che andranno poi a comporre l'immagine finale, fornendo un risultato sicuramente migliore. Questi due punti, uniti a *pixel* molto piccoli, in grado raggiungere la massima risoluzione mantenendo allo stesso tempo una buona luminosità dell'oggetto inquadrato (il rapporto focale ideale per *pixel* da 5,6 μm è attorno a f/35-40), sono caratteristiche che compensano abbondantemente la scarsa qualità del sensore di ripresa, che deve essere di tipo CCD per garantire una migliore sensibilità e qualità.

L'uso di queste telecamere (attenzione, non tutte sono adatte per l'astronomia!) dal costo inferiore ai 100 euro, con uno strumento di buona qualità ottica, porta a risultati veramente sorprendenti, irraggiungibili su pellicola anche dai più grandi telescopi del mondo. Una perfetta collimazione e un'ottima qualità ottica dello strumento utilizzato sono comunque qualità indispensabili per raggiungere certi risultati.

3.7.1 Il Sole

I risultati sulla nostra stella parlano chiaro. Non importa se si riprende con buono o cattivo *seeing*: la possibilità di sommare molte immagini e di selezionare solo quelle meno rovinate dalla turbolenza permette di raggiungere risoluzioni elevate, superabili solo con speciali telescopi solari.

L'immagine *webcam* della pagina precedente è stata ottenuta con un filtro a tutta apertura, diaframmando lo strumento a 18 cm (con un'ostruzione risultante del 50%!), e, nonostante questo, mostra dettagli al limite del potere risolutivo dello strumento, messi in risalto grazie anche alla successiva fase di elaborazione.

3.7.2 Mercurio

Nel caso di Mercurio, la differenza è accentuata dal fatto che la ripresa digitale è avvenuta di giorno con il pianeta in meridiano, un filtro IR e tempi di esposizione abbastanza brevi da congelare il *seeing* (1/100s).

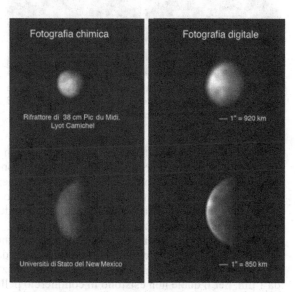

Le riprese su pellicola devono essere effettuate con un cielo scuro, quindi con il pianeta basso sull'orizzonte, e richiedono tempi di esposizione superiori a un secondo.

Il filtro IR, oltre a scurire il fondo cielo, migliora il *seeing* e accentua il contrasto dei dettagli superficiali.

3.7.2. Confronto tra fotografia chimica e digitale per Mercurio.

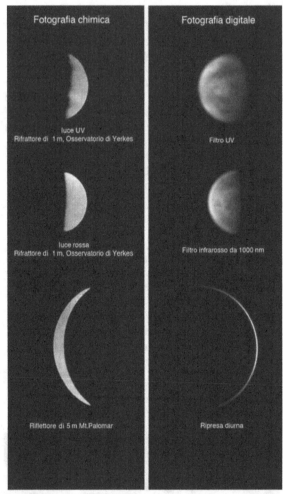

3.7.3 Venere

Venere è sicuramente il pianeta che ha maggiormente beneficiato dell'avvento della fotografia digitale, non per la tecnica in sé, dei cui vantaggi abbiamo già discusso, ma per la risposta spettrale dei sensori digitali: essi, infatti, sono sensibili dal vicino ultravioletto (a cominciare dai 300 nm) al vicino infrarosso (poco oltre 1000 nm, cioè 1 µm), molto oltre il *range* delle normali pellicole (di solito con sensibilità limitata al visibile, cioè da 400 a 700 nm).

Anche in ambito professionale, nonostante l'uso di pellicole per l'ultravioletto e l'infrarosso, queste due estremità dello spettro elettromagnetico sono rimaste quasi un tabù, a causa della scarsa sensibilità e della necessità di un tempo di esposizione troppo lungo rispetto al *seeing* medio terrestre.

3.7.3. Confronto tra le migliori riprese di Venere su pellicola e i risultati ottenibili con un modesto strumento amatoriale di 23 cm. La differenza è impressionante.

In passato la ripresa di Venere, la cui atmosfera mostra dettagli netti solo in ultravioletto e in infrarosso, era un campo totalmente riservato ai professionisti, per di più con risultati nettamente inferiori a quelli che oggi, con una *webcam* o una camera CCD, sono alla portata di un modesto rifrattore di 10 cm. Di fatto, è stato possibile per gli astrofili scoprire un nuovo pianeta, Venere, ricchissimo di dettagli e con una dinamica unica nel Sistema Solare.

Il confronto tra le immagini in UV riprese con una *webcam* e un telescopio di 23 cm con riprese effettuate con un telescopio da 1 m mostrano l'enorme differenza di resa del digitale, che si accentua utilizzando un filtro infrarosso da 1 µm, per il quale non esistono in commercio pellicole apposite, quindi immagini di paragone accettabili.

3.7.4 Luna

Il nostro satellite naturale, così ricco di dettagli, riesce a celare il grande divario esistente tra pellicola e digitale. Tuttavia, un occhio esperto, messo di fronte a immagini che ritraggono gli stessi soggetti, non può non vedere la diversa risoluzione raggiunta.

Se però non si riprende al limite della risoluzione strumentale, le differenze tendono ad assottigliarsi. Quando si vuole raggiungere il limite, la maggiore dinamica delle camere planetarie (comprese le *webcam*) permette di abbattere anche le barriere imposte dalle leggi della diffrazione.

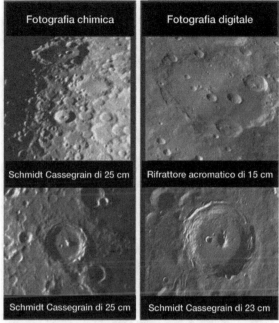

3.7.4. La Luna su pellicola e in digitale.

3.7.5 Marte

In ogni libro di fotografia astronomica, Marte era considerato un pianeta molto difficile da riprendere con successo a causa del basso contrasto dei suoi dettagli, accentuato dall'uso di alcune pellicole a sensibilità medio-alta.

Con l'entrata in scena dei sensori digitali, il problema del contrasto è stato risolto totalmente, grazie alla maggiore dinamica e al fatto che può essere accentuato in fase di elaborazione, a patto di avere un'immagine priva di "rumore".

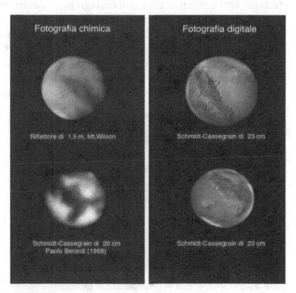

3.7.5. Il pianeta rosso su pellicola e in digitale con una normalissima *webcam*.

3.7.6. Giove su pellicola al telescopio Hale di 5 m di diametro presenta meno dettagli rispetto a un telescopio di 23 cm accoppiato a una *webcam!*

3.7.6 Giove

Le immagini riprese con una *webcam* e *seeing* buono rivaleggiano con quelle ottenute con un riflettore da 5 m! In questa situazione, e nel caso generale dei pianeti giganti gassosi, oltre ai grandi rapporti focali, che costringono ad usare singole esposizioni di uno o più secondi, anche il basso contrasto contribuisce alla scarsa riuscita di un'immagine.

Le pellicole, infatti, non restituiscono il contrasto come le camere digitali; ciò, unito all'impossibilità di applicare filtri in fase di elaborazione, porta a risultati privi di dettagli fini. Con Giove, e ancora più con Saturno, Urano e tutti gli altri corpi piccoli e con dettagli poco contrastati, la mancanza di un'elaborazione digitale si fa sentire molto.

Emblematico il caso di Ganimede, il più grande satellite del Sistema Solare: il *seeing* in questo caso può non essere la (sola) carta determinante. Il satellite è angolarmente molto piccolo e questo richiede lunghissime focali (e grandi diametri per avere un'immagine luminosa). Per avere un disco di 1 mm di diametro, sul negativo formato 24×36 mm occorre una lunghezza focale di oltre 100 m; 1 mm è il diametro minimo per avere un'immagine che possa contenere qualche dettaglio. Il raggiungimento di questo valore implica rapporti focali veramente oltre ogni limite, che impediscono qualsiasi posa fotografica. Il risultato finale è frutto del solito compromesso: usare strumenti di grande diametro e accorciare la focale, accontentandosi di

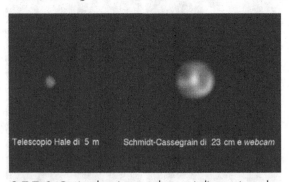

3.7.7. Su Ganimede, e in generale su tutti gli oggetti angolarmente piccoli, le differenze di resa tra foto chimica e foto digitale sono ancora più marcate.

un disco minore sul negativo.

Con le camere planetarie non ci sono problemi: la risoluzione del sensore è data dalle dimensioni dei singoli *pixel* (entità a sé stanti e ben definite, al contrario dei grani delle emulsioni fotografiche). A differenza della pellicola, in cui i singoli grani sono fini (anche 1-2 μm) ma la risoluzione lineare è piuttosto scarsa, per i sensori digitali non ci sono questi problemi: la risoluzione (il *campionamento*) è data dalle dimensioni dei *pixel*. Quello che si deve fare è riuscire a catturare tutta la risoluzione del telescopio e questo si verifica quando il più piccolo dettaglio visibile va a finire su almeno due *pixel* (criterio di Nyquist).

3.7.7 Saturno

La ripresa di Saturno si avvantaggia molto della maggiore luce che giunge sul piccolo sensore delle *webcam*, del *processing* digitale e della maggiore dinamica. Tutto ciò determina una spiccata differenza rispetto alla pellicola. La ripresa effettuata con un riflettore da 2,5 m, ritenuta a lungo una delle migliori su supporto chimico, è di gran lunga inferiore a quella *webcam* ottenuta con uno strumento dieci volte più piccolo!

La risoluzione dell'immagine è abbastanza alta, ma lo scarso segnale della singola ripresa e la minore dinamica del sensore hanno impedito di registrare i dettagli cosiddetti fotometrici, come la Divisione di Encke sul bordo degli anelli. In realtà, l'immagine di questo dettaglio non è vera: quello che il telescopio percepisce è solo un calo di luminosità, non la forma della Divisione di Encke, in quanto sotto il limite di risoluzione dello strumento.

3.7.8. Saturno e le numerose divisioni degli anelli, completamente invisibili su supporto chimico e grandi strumenti professionali.

Una camera CCD con una buona scala di grigi (anche se le *webcam* sono solo a 8 bit per canale) è in grado di rivelare variazioni di luminosità più tenui rispetto a un supporto chimico. Inoltre, l'impossibilità di contenere contemporaneamente zone ad alta e bassa luminosità impedisce alla pellicola di esporre correttamente il globo e gli anelli del pianeta, con la conseguente perdita di dettaglio (a causa del "rumore").

3.7.8 Urano

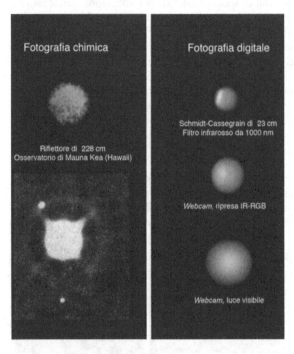

Fotografia chimica

Fotografia digitale

Schmidt-Cassegrain di 23 cm
Filtro infrarosso da 1000 nm

Riflettore di 228 cm
Osservatorio di Mauna Kea (Hawaii)

Webcam, ripresa IR-RGB

Webcam, luce visibile

Urano mostra tutti i limiti della pellicola: scarsa risoluzione, scarsa dinamica e scarso contrasto, che costringono ad allungare la focale e i tempi di esposizione, fornendo comunque risultati scadenti.

3.7.9. Urano sembra un altro pianeta in digitale. Un riflettore di oltre 2 m di diametro non può nulla contro un telescopio di 23 cm e camera digitale.

3.7.9 Il profondo cielo

La pellicola può ancora prendersi una piccola rivincita (ma per poco) in qualche applicazione sul profondo cielo.

Le piccole ed economiche *webcam* non hanno un sensore CCD di qualità e di grande formato, e non possono esporre per tempi superiori a frazioni di secondo. Le *webcam* modificate sono in grado di restituire buoni risultati solamente su soggetti angolarmente poco estesi, come galassie e nebulose planetarie.

La pellicola, invece, offre un grande formato (24×36 mm contro i 3,6 mm delle *webcam*), unito a una buona sensibilità e alla mancanza totale di "rumore" elettronico.

Per avere risultati migliori, è necessario acquistare costose camere CCD il cui prezzo è anche dieci volte superiore a quello di una buona reflex.

Ultimamente si sono affacciate sul mercato le reflex digitali, che uniscono il grande formato della pellicola a un buon prezzo, notevolmente minore di quelli delle camere CCD. Le reflex digitali sembrano, in effetti, avere una marcia in più rispetto alle consorelle chimiche, anche se ancora mostrano carenze notevoli, tra le quali sono da segnalare:

- il sensore non raffreddato, con un conseguente "rumore" elettronico elevato, soprattutto se si riprende in nottate calde con tempi di posa eccedenti i 5m;
- sensore di tipo CMOS, quindi di sensibilità minore e "rumore" maggiore rispetto a un equivalente CCD;
- scarsa sensibilità nel rosso a causa di un filtro taglia infrarosso messo davanti al sensore. Questo filtro taglia le lunghezze d'onda a cui i sensori CCD sono

molto sensibili e si rivela necessario per un corretto bilanciamento cromatico delle scene naturalistiche. La sua utilità però si limita alle riprese in luce diurna: esso rappresenta un vero e proprio *handicap* per le riprese astronomiche perché taglia la lunghezza d'onda principale di emissione dell'idrogeno (linea H-alfa a 656,3 nm) e limita fortemente la sensibilità del sensore che potrebbe dare risultati splendidi;

- le riprese di nebulose ad emissione non sono all'altezza delle aspettative, mentre per ammassi e galassie occorrono tempi dell'ordine delle decine di minuti per ottenere risultati equivalenti o poco superiori a quelli ottenibili con la pellicola.

I punti a favore di queste camere sono sostanzialmente: maggiore risoluzione dell'immagine, possibilità di visualizzala subito, relativa facilità di acquisizione e possibilità di un'elaborazione digitale successiva.

Il confronto che mi accingo a fare riguarda la pellicola e le camere CCD appositamente costruite per l'astronomia, che sono un altro mondo rispetto alle reflex digitali. Un esempio su tutti: la mia camera CCD SBIG ST-7XME ha un sensore con un'efficienza quantica di picco nel giallo-rosso dell'85%. Questo significa che su 100 fotoni incidenti, esso ne cattura 85, contro un misero 4-5% delle pellicole fotografiche e un 30% delle reflex digitali non modificate.

Una camera CCD per astronomia ha una dinamica capace di restituire immagini con 65.536 livelli di grigio (16 bit) e un sistema di raffreddamento Peltier in grado di ridurre il già basso "rumore" del sensore.

Tutte queste caratteristiche consentono di ottenere immagini profonde con bassi tempi di esposizione, prive di "rumore" e con una grande dinamica. La dinamica elevata aumenta la magnitudine limite raggiungibile (vedi 2.13.1) e consente di far convivere nello stesso campo oggetti molto brillanti e poco brillanti (ad esempio, gli ammassi globulari).

Le reflex digitali non sono in grado di fare questo: sono poco sensibili, con un notevole "rumore" che non consente di fare pose singole per più di pochi minuti e una dinamica non eccezionale.

La pellicola, d'altra parte, non presenta il "rumore" elettronico e questo è un grande vantaggio; purtroppo c'è il cosiddetto difetto di reciprocità, che comporta sul piano pratico una perdita di sensibilità per esposizioni che durano più di pochi secondi. Il difetto di reciprocità non è un effetto semplice da capire, ma possiamo spiegarlo come la perdita di risposta della pellicola a bassi livelli di luce.

In astronomia abbiamo sempre a che fare con illuminazioni estremamente basse quando fotografiamo oggetti del profondo cielo: per questo il difetto di reciprocità assume un ruolo molto importante, che si manifesta con la perdita della linearità della risposta della pellicola utilizzata. Se per fotografare un certo oggetto di luminosità 10 si richiede 1 secondo di posa, per fotografare un oggetto di luminosità 1 non si richiedono 10 secondi, ma 15-20 o anche di più. Tale difetto è molto accentuato per certe pellicole e impedisce all'astrofotografo di ottenere immagini profonde anche esponendo per parecchi minuti.

Per le emulsioni a colori le cose sono ancora peggiori: il difetto di reciprocità si manifesta evidente e differente per ogni strato che costituisce la pellicola, con la comparsa di strane dominanti (in particolare il verde).

Per ottenere risultati accettabili, comunque nettamente migliori, si usa ipersensibilizzare le pellicole, cioè sottoporle a un trattamento speciale atto a ridurre drasticamente la mancanza di reciprocità. Senza l'ipersensibilizzazione, le prestazioni di un'emulsione fotografica si riducono notevolmente.

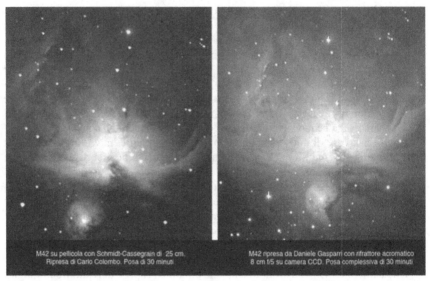

M42 su pellicola con Schmidt-Cassegrain di 25 cm.
Ripresa di Carlo Colombo. Posa di 30 minuti.

M42 ripresa da Daniele Gasparri con rifrattore acromatico
8 cm f/5 su camera CCD. Posa complessiva di 30 minuti

3.7.10. Confronto pellicola-digitale sulla nebulosa di Orione. Nel profondo cielo la superiorità delle camere CCD è evidente, sia come risoluzione che come profondità raggiungibile.

È indubbio che usando strumenti molto aperti, su oggetti luminosi, possiamo ottenere risultati interessanti, ma nettamente inferiori a quelli ottenibili con una buona camera CCD, che tra l'altro ha anche un'ottima linearità (almeno le versioni non anti*blooming*) molto utile per applicazioni scientifiche, soprattutto fotometriche.

Per l'astrofilo, l'unico vero problema nell'uso delle camere CCD consiste essenzialmente nel prezzo ancora piuttosto elevato, nell'impossibilità di ottenere foto a colori, se non con l'applicazione di filtri, e nella cura che ogni immagine richiede per essere ripulita dal "rumore" elettronico del sensore e dalle piccole imperfezioni (calibrazione di ogni posa con *dark frame, flat field* e *bias frame*).

Tuttavia, acquisita un po' di esperienza, si ottengono le massime prestazioni che un astrofilo possa raggiungere, nettamente migliori rispetto alla pellicola e alle reflex digitali attualmente in commercio.

Il confronto tra riprese su pellicola e CCD della nebulosa di Orione proposto in questa pagina mostra soprattutto la maggiore sensibilità delle camere CCD. L'esposizione è stata la stessa, ma la versione digitale è stata ottenuta con un piccolo telescopio di 8 cm di diametro, contro i 25 di quella chimica.

Nonostante il grande formato e la potenziale migliore risoluzione della pellicola (un'emulsione fotografica a grana fine sul formato 24×36 può essere equiparata a un'immagine CCD di oltre 5 milioni di *pixel*), l'immagine CCD, composta da meno di mezzo milione di *pixel*, sembra migliore anche sotto questo aspetto. Il motivo è da ricercare sostanzialmente nel basso segnale raccolto dall'emulsione fotografica (e conseguente alto "rumore", cioè granulosità), nella sua minore sensibilità, nella minore efficienza quantica. Il risultato? Con uno strumento di 8 cm e posa identica si sono registrate stelle più deboli che con il telescopio di 25 cm. La risoluzione è migliore e si coglie meglio l'estensione della nebulosa (grazie alla grande dinamica del sensore CCD).

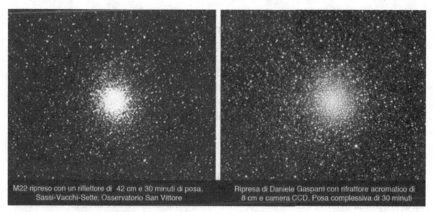

M22 ripreso con un riflettore di 42 cm e 30 minuti di posa. Sassi-Vacchi-Sette, Osservatorio San Vittore

Ripresa di Daniele Gasparri con rifrattore acromatico di 8 cm e camera CCD. Posa complessiva di 30 minuti

3.7.11. L'ammasso globulare M22 ripreso con uno strumento di 42 cm e con un piccolo rifrattore acromatico di 8 cm. La resa del digitale è superiore esteticamente, nella magnitudine limite raggiunta e nella risoluzione.

Il confronto delle riprese degli ammassi globulari è assai indicativo, sia della maggiore sensibilità dei CCD, sia della loro dinamica nettamente migliore. Le due immagini sono state ottenute con la stessa posa, l'una con un'emulsione fotografica appositamente progettata per applicazioni astronomiche (esente dal difetto di reciprocità) e telescopio di 42 cm, l'altra con una camera CCD ST-7XME al fuoco diretto di un rifrattore di 8 cm. Il confronto è impietoso: uno strumento di 8 cm utilizzato con una camera CCD è riuscito a rilevare stelle più deboli di un grosso telescopio di 42 cm, nonostante l'uso di una pellicola professionale.

A cosa è dovuta la differenza? Nel caso di pose lunghe, al limite della luminosità del fondo cielo, la si deve essenzialmente alla differente dinamica. Abbiamo già visto infatti che la magnitudine limite raggiungibile dipende principalmente dallo stato del cielo e dalla dinamica del sensore. Se si utilizzano strumenti che restituiscono diametri stellari con la stessa dimensione lineare (e questo, a causa del *seeing*, prescinde dal diametro del telescopio) e se si effettuano pose al limite del fondo cielo, le camere CCD, grazie alla grande dinamica, consentono di catturare oggetti di oltre 3 magnitudini più deboli della luminosità del cielo. Le pellicole si possono spingere solamente fino a 1-1,5 magnitudini. Il risultato netto è che, a parità di cielo e di campionamento, le camere CCD consentono di catturare stelle di almeno 2 magnitudini più deboli di quelle registrabili con la pellicola. Questo in teoria; nella pratica le differenze sono ancora maggiori.

Il diametro stellare sul piano focale, utilizzando una pellicola, è nettamente maggiore di un singolo granello fotosensibile: una fotografia fatta da professionisti riesce ad avere diametri stellari dell'ordine dei 20 μm sull'emulsione fotografica, cioè dell'ordine di almeno cinque volte il diametro del singolo granello sensibile.

Nelle camere CCD, grazie a *pixel* di dimensioni maggiori e nettamente definiti, utilizzando buoni strumenti (o corte focali) si possono tranquillamente avere stelle concentrate in un solo *pixel*; ma supponiamo che il diametro stellare sia di 2 *pixel*, ossia che l'area sia di 2×2 = 4 *pixel*. Facendo una rapida stima che tiene conto anche della diversa dinamica tra i sensori digitali e la pellicola, che contribuisce non poco alle differenze di profondità, è possibile affermare che una camera CCD è in grado di catturare stelle di 4 magnitudini più deboli rispetto a un'emulsione fotografica appositamente progettata per l'astronomia, a prescindere dal tempo di esposizione e dallo strumento.

La magnitudine limite è funzione solamente del diametro dei dischi stellari sul piano focale (influenzato dal *seeing* e dalla focale, oltre che dalla messa a fuoco) e naturalmente dello stato del cielo. Confrontando le magnitudini limite raggiunte nelle due riprese di M22, possiamo effettivamente notare che uno strumento di diametro cinque volte inferiore è riuscito a registrare stelle più deboli.

La grande differenza di dinamica, oltre a influenzare pesantemente la magnitudine limite, si manifesta anche nell'estetica delle due immagini. Nella prima, nonostante si vedano meno stelle (cioè sia meno profonda), il centro dell'ammasso è completamente saturo (livelli di bianco al massimo e perdita di qualunque dettaglio). Fondamentale in queste situazioni è la quantità di fotoni che un elemento sensibile (granulo o *pixel*) può ricevere prima di andare in saturazione, cioè riempirsi totalmente e dare un valore completamente bianco, a prescindere dalle caratteristiche della sorgente. I *pixel* di una camera CCD amatoriale raccolgono almeno 85.000 elettroni prima di saturare; considerando un'efficienza di picco dell'85%, questo equivale a 100.000 fotoni incidenti.

Il segnale raccolto viene poi trasformato in una differenza di potenziale opportunamente amplificata, alla quale viene assegnato un valore dal convertitore analogico-digitale (AD), corrispondente a un livello di grigio dell'immagine che si andrà a formare. La "profondità" di grigi è collegata al numero di fotoni che un sensore è capace di catturare (la cosiddetta *full well capacity*) e alla bontà del contatore analogico-digitale. I contatori delle camere CCD amatoriali (a 16 bit) sono capaci di discriminare 65.536 livelli di grigio.

Da questo punto di vista, la pellicola è molto carente, soprattutto a causa del basso numero di fotoni che un singolo grano può raccogliere. Ciò significa che se si vogliono catturare le zone più deboli di un ammasso globulare si deve necessariamente saturare le zone più brillanti, con conseguente perdita di qualsiasi segnale: tutte le fotografie su pellicola di ammassi globulari mostrano la zona centrale satura.

Osserviamo ora l'immagine di M17. Nonostante la profondità sia comparabile, la ripresa CCD mostra un'estensione maggiore della nebulosa, anche se l'immagine è stata ottenuta in condizioni di cielo mediocri, con alta umidità, scarsa trasparenza, bassa altezza sull'orizzonte e un telescopio di diametro nettamente inferiore.

Per gli oggetti del Sistema Solare la fotografia su pellicola (ma anche su reflex

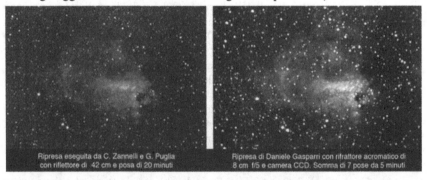

Ripresa eseguita da C. Zannelli e G. Puglia con riflettore di 42 cm e posa di 20 minuti

Ripresa di Daniele Gasparri con rifrattore acromatico di 8 cm f/5 e camera CCD. Somma di 7 pose da 5 minuti

3.7.12. La nebulosa Omega (M17), ripresa con un riflettore di 41 cm su pellicola, confrontata con un'immagine ottenuta con camera CCD e rifrattore di 8 cm. Dinamica, efficienza quantica, risposta spettrale, risoluzione: sono questi i punti a favore del sensore digitale.

digitali) non è assolutamente vantaggiosa, sia dal punto di vista economico che da quello dei risultati. Le economiche *webcam* sono in grado di dare risultati migliori almeno di un fattore 5 nella risoluzione, per non parlare del basso "rumore" risultante e del colore, che è possibile correggere in fase di elaborazione.

Per quanto riguarda le riprese del cielo profondo, la vecchia pellicola, o le reflex digitali, con i loro pro e contro, possono ancora rivaleggiare con i CCD astronomici (ma solamente in astronomia amatoriale!), in quanto questi ultimi hanno costi proibitivi e richiedono una maggiore attenzione e abilità tecnica. In ogni caso, chi vuole dedicarsi alla fotografia di oggetti deboli con continuità e raggiungere ottimi risultati dovrebbe senz'altro considerare l'acquisto di una buona camera CCD, i cui risultati sono in generale superiori a quelli di qualsiasi altro apparato fotografico.

3.8 Osservazioni visuali e fotografia a confronto

Nelle pagine precedenti non abbiamo (quasi) mai parlato dell'osservazione visuale, considerando sempre il nostro telescopio accoppiato a un sensore digitale. Nel ventunesimo secolo, con dispositivi digitali che permettono di raggiungere risultati nettamente migliori tanto sotto il profilo estetico quanto sotto quello scientifico, e sotto cieli sempre più inquinati dalle luci, gli appassionati d'astronomia spesso abbandonano l'osservazione visuale, non trovandovi le soddisfazioni attese. Capita poi sovente che l'interesse per l'astronomia nasca dalla visione di affascinanti fotografie ottenute con strumentazione amatoriale. Da qui le attese di sbalorditive osservazioni del cielo attraverso anche un modesto telescopio amatoriale: purtroppo, la delusione è poi forte.

In realtà, la visione diretta all'oculare di un telescopio è ben diversa (purtroppo in peggio) rispetto a ciò che registra un'immagine digitale. Ciò è vero anche nel caso delle riprese planetarie in alta risoluzione, anche se, a dire la verità, in questo caso il divario tra osservazioni e riprese fotografiche non è così ampio, soprattutto per chi ha l'occhio allenato. Certo, una persona che mettesse per la prima volta l'occhio all'oculare di un telescopio resterebbe molto delusa dalla visione dei pianeti, che appaiono piccoli e spesso privi di dettagli.

L'osservazione visuale dei pianeti richiede molto allenamento perché i contrasti sono deboli; l'occhio deve essere in qualche modo istruito a carpire le sfumature su quei piccoli dischi. La ripresa digitale sembra offrire immagini incomparabilmente migliori, ma la differenza di risoluzione raggiungibile non è poi così alta.

Il discorso cambia totalmente per gli oggetti del cielo profondo. Mentre nell'osservazione dei pianeti siamo di fronte a sorgenti caratterizzate da una discreta luminosità e occorre solamente ingrandire l'immagine per poter sfruttare tutto il potere risolutivo dello strumento, per gli oggetti del cielo profondo la richiesta è del tutto diversa: non è necessaria, in generale, un'alta risoluzione; piuttosto, occorre raccogliere quanta più luce possibile, poiché si tratta di oggetti deboli e diffusi.

Come si può avere più luce? Con un dispositivo fotografico basta aumentare il tempo di esposizione. Purtroppo, il nostro occhio non ha questa capacità: non si può variare il suo tempo di esposizione, detto anche *tempo di integrazione*, che è all'incirca di 1/15s. Non è possibile accumulare la radiazione luminosa che gli oggetti del cielo profondo ci inviano. Ecco perché la ripresa (digitale in questo caso) ha un indubbio vantaggio rispetto all'osservazione visuale. Il guadagno tra l'os-

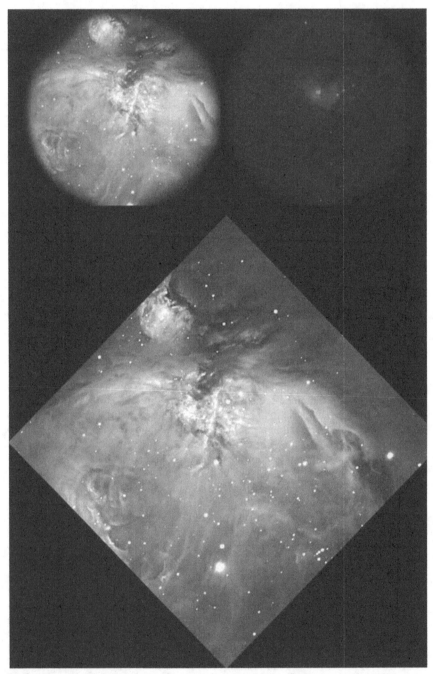

3.8.1. Il confronto tra la resa di una camera digitale e l'occhio umano con lo stesso strumento e le stesse condizioni di cielo (mediamente inquinato) è impietoso. In alto, a sinistra, la ripresa digitale della nebulosa di Orione; a destra, lo stesso campo visto all'oculare del medesimo strumento. In basso si mostra la reale estensione della nebulosa di Orione.

servazione visuale e la ripresa digitale, a parità di strumento, è dell'ordine delle 8 magnitudini.

Un sensore digitale permette di rilevare stelle che sono almeno mille volte più deboli di quelle accessibili all'osservazione diretta. Questo dato è di natura empirica e può variare a seconda dello stato del cielo, dell'ingrandimento utilizzato, del tempo di esposizione, del tipo di sensore di ripresa, dell'uso di filtri. Un telescopio di 25 cm, sotto un cielo con magnitudine limite pari alla 6, consente di raggiungere visualmente all'incirca la magnitudine 14; un sensore digitale, sotto lo stesso cielo e con un *seeing* discreto, può giungere tranquillamente alla magnitudine 22.

Il divario, soprattutto per gli oggetti diffusi quali le nebulose a emissione, si amplia ulteriormente utilizzando filtri a banda stretta, come gli H-alfa o gli OIII (vedi 3.2.1), che hanno la funzione di scurire il fondo cielo e incrementare la profondità dell'immagine, poiché la magnitudine limite raggiungibile dipende esclusivamente dallo stato del cielo e non dal diametro dello strumento.

Un cielo estremamente scuro, con magnitudine superficiale pari a 22 (il meglio consentito dalla superficie terrestre, purtroppo impossibile da raggiungere dal suolo italiano), una combinazione campionamento-*seeing* che permette di avere stelle di 2 secondi d'arco, distribuite su 4 *pixel* (2×2) e un sensore di dinamica a 16 bit consentono di raggiungere una magnitudine limite intorno alla 23, a prescindere dal diametro strumentale. È chiaro che maggiore è il diametro, minore sarà il tempo di esposizione con il quale si raggiunge la magnitudine limite.

Tranne che in rarissime eccezioni, scordiamoci di poter ammirare il colore degli oggetti *deep-sky*: il nostro occhio non è abbastanza sensibile, sia che si osservi attraverso un piccolo telescopio di 10 cm, sia che si utilizzi il mastodontico Keck di 10 m (nelle Hawaii). Considerazioni analoghe valgono per ciò che concerne la profondità dell'immagine e l'estensione degli oggetti osservati. Indicativo il confronto tra le immagini relative alla nebulosa di Orione, un oggetto visibile anche a occhio nudo, ma che in fotografia appare totalmente diverso. Esiste qualche rimedio per ovviare alla "povertà" di visione dell'osservazione visuale? Sì: basta utilizzare telescopi Dobson di 40 cm di diametro sotto cieli scuri. In questo caso, le visioni che avremo, sebbene prive di colori, saranno comparabili a quelle restituite da fotografie scattate con uno strumento di 20-25 cm.

Quello della nebulosa di Orione non è un caso isolato, ma la regola per le osservazioni del cielo profondo condotte con strumenti medio-piccoli. Solamente con grossi telescopi si possono avere visioni (sempre in bianco e nero) che si avvicinano a quelle delle riprese fotografiche, soprattutto per certe classi di oggetti.

È bene mettere in chiaro come questo libro, e in particolare questo paragrafo, non vogliano esprimere un'incondizionata preferenza per la ripresa digitale e una bocciatura per le osservazioni visuali, che pure moltissimi astrofili considerano fonti di impagabili soddisfazioni. Semplicemente, qui si vuole fornire all'astrofilo alle prime armi gli strumenti per un'analisi oggettiva dei risultati ottenibili, per evitare di creare false aspettative, e, al contempo, si mira a presentare tutti quei lavori che la tecnologia digitale consente e che sono preclusi alla visione diretta attraverso l'oculare.

Non v'è dubbio che l'osservazione visuale, ancora largamente praticata dagli astronomi amatoriali, regali emozioni uniche, molto più forti di quelle che può trasmettere la contemplazione di un'immagine che si va formando sullo schermo di un computer; d'altra parte, non si può nascondere il fatto che le potenzialità della ripresa digitale sono decisamente maggiori rispetto a quelle dell'osservazione diretta, e che sono in grado di trasformare gli astrofili da semplici contemplatori del cielo notturno in veri e propri ricercatori astronomi. Lungi dallo sminuire o liquidare la portata emotiva, storica e anche scientifica dell'osservazione visuale, vorremmo piuttosto che si affermasse la consapevolezza del nuovo ruolo dell'astronomo amatoriale del ventunesimo secolo, perché la rivoluzione digitale ha davvero sconvolto il mondo dell'astronomia, sia professionale che amatoriale.

Vedremo nelle prossime pagine quali sono le differenze specifiche tra il visuale e il digitale; faremo un confronto tra le riprese di camere CCD astronomiche e le visioni simulate, ma attendibili, realizzate attraverso lo stesso strumento, con la medesima scala e la stessa qualità del cielo.

3.8.1 Ammassi stellari

Gli ammassi stellari sono la classe di oggetti che mostra le più strette somiglianze tra la visione diretta e l'*imaging* digitale; ciò vale in particolare per gli ammassi aperti, che sono composti da stelle molto luminose e che perciò anche all'oculare appaiono decisamente ricchi e belli da osservare.

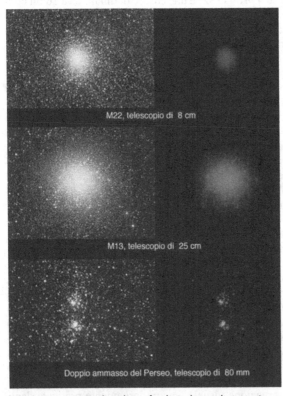

M22, telescopio di 8 cm

M13, telescopio di 25 cm

Doppio ammasso del Perseo, telescopio di 80 mm

Già con gli ammassi globulari, però, la situazione cambia. Le stelle più luminose di questa classe di oggetti sono tutte oltre la magnitudine 10, spesso intorno alla 12, e l'osservazione delle singole componenti richiede strumenti superiori ai 15 cm; con strumenti più piccoli, l'aspetto è quello di una piccola ed evanescente nuvoletta. Sopra i 15 cm, invece, la visione si avvicina a quella offerta dalle riprese digitali. Un telescopio di 25 cm restituisce immagini meravigliose dei globulari più luminosi come M13 e M22, mentre strumenti minori o ammassi meno luminosi lasciano intravedere un oggetto piccolo, debole, diffuso, di aspetto nebuloso, ben diverso dal grappolo di stelle che possiamo ammirare in fotografia.

3.8.2. Una ripresa digitale profonda (colonna di sinistra) cattura stelle di circa 8-9 magnitudini più deboli rispetto all'osservazione visuale (colonna di destra), se si utilizzano telescopi con un diametro fino a 25 cm. Il divario comincia lentamente ad attenuarsi quando il diametro eccede i 40 cm.

3.8.2 Nebulose

Le nebulose sono piuttosto difficili da osservare all'oculare di un telescopio per via dell'aspetto diffuso e delle generose dimensioni. L'utilizzo di filtri a banda stretta, come un H-alfa, accentua ulteriormente la differenza rispetto alle riprese digitali.

Il confronto che proponiamo relativo alla nebulosa Rosetta è emblematico: a sinistra, la ripresa è fatta con un obbiettivo di 35 mm di focale, con un diametro di 1 cm, confrontabile con quello di un occhio umano adattato alla visione notturna, munito di filtro H-alfa; a destra, la stessa regione di cielo così come appare a occhio nudo. La differenza è impressionante. La nebulosità è sparita e si vedono pochissime stelle; risulta praticamente impossibile riconoscere il campo inquadrato: eppure le immagini sono perfettamente alla stessa scala! In genere, nel campo largo, con oggetti estremamente estesi e se si utilizzano filtri a banda stretta, le differenze sono enormi.

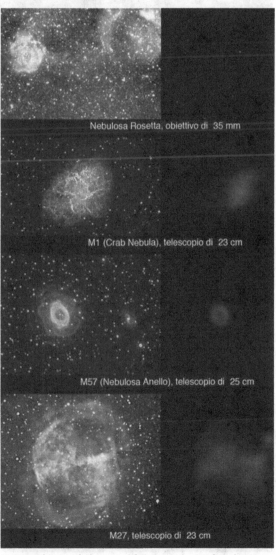

Invece, non sono così marcate nel caso delle nebulose planetarie, oggetti generalmente di piccole dimensioni, quindi ad elevata luminosità superficiale, di gran lunga le più facili e belle da osservare al telescopio. Alcune di esse mostrano anche una tenue colorazione, come la famosa Blue Snowball (NGC 7662), e dettagli simili a quelli delle riprese digitali, a patto di non utilizzare filtri a banda stretta.

3.8.3 Galassie

Le galassie sono gli oggetti più belli da riprendere, soprattutto le spirali con i bracci estesi e di colore tendente al blu. Purtroppo, sono anche i più deludenti all'oculare di un telescopio.

3.8.3. Alcune nebulose a confronto tra ripresa digitale e osservazione visuale.

I bracci a spirale, facilmente fotografabili anche con piccoli teleobiettivi, sono assolutamente evanescenti e impossibili da individuare con strumenti di diametro inferiore ai 25 cm. Ciò non dipende, come si potrebbe pensare, dal fatto che le galassie sono lontane, ma dalla bassa luminosità superficiale, determinata dalle loro caratteristiche fisiche (la luminosità superficiale non dipende dalla distanza ma solo dalle proprietà dell'oggetto osservato), nonché da quelle dell'occhio umano.

La stessa galassia di Andromeda (M31), tra le più vicine alla nostra, che occupa in cielo una superficie almeno una dozzina di volte maggiore di quella della Luna Piena, appare all'oculare di qualsiasi strumento come un oggetto nebuloso e indistinto, privo di qualsiasi dettaglio, estremamente diverso da quello delle immagini fotografiche.

Lo stesso si può dire per ogni altra galassia. Naturalmente, non v'è speranza di risolvere le singole stelle: le componenti più brillanti di M31 hanno magnitudini superiori alla 16, ben oltre il limite visuale di un telescopio di 25 cm. Solo sotto cieli estremamente scuri e con un'ottima esperienza osservativa è possibile riconoscere alcune condensazioni caratteristiche di questa classe di oggetti, come gli ammassi aperti (tipo NGC 206, comunque non ri-

M31, telescopio di 8 cm

M101, telescopio di 25 cm

NGC 4565, telescopio di 25 cm

M82, telescopio di 23 cm

3.8.4. Galassie a confronto, tra fotografia digitale e osservazione all'oculare.

solto), e le regioni HII, soprattutto nella galassia M33.

Solamente con strumenti oltre i 30 cm si possono cominciare ad ammirare i bracci di alcune brillanti galassie (M51, M101), ma si tratta comunque di visioni assai evanescenti.

3.9 La vetrina degli orrori

Le centinaia di immagini mostrate fino ad ora appaiono nitide e con dettagli ben visibili, siano esse di oggetti del Sistema Solare o dello spazio profondo. Ora però vorrei parlare delle immagini meno buone che si ottengono, e che sono la maggioranza.

Il cielo è ricco di oggetti bellissimi, ma ottenere buone immagini è molto difficile. Per ciascuna delle riprese pubblicate nelle pagine precedenti ne esistono almeno una decina dello stesso oggetto che sono qualitativamente inferiori, e che a volte sono veri e propri orrori, da gettare immediatamente.

Per scattare una buona immagine occorre che si verifichi una combinazione di fattori favorevoli. Nelle riprese dei pianeti, ad esempio, occorre che la turbolenza atmosferica sia minima: per i cieli italiani e per strumenti di 20-25 cm ciò si verifica solamente una decina di notti l'anno. Le riprese di nebulose e galassie, invece, richiedono poca turbolenza, un cielo molto trasparente e scuro, lontano dalle luci della città, e una notevole precisione del supporto del telescopio (montatura equatoriale). A volte, tutto ciò non è neppure sufficiente a garantire il risultato: una meccanica precisissima e un cielo nero e trasparente non bastano se a disturbarci c'è il vento, anche solo una leggera brezza.

Generalmente, si esibiscono i successi e si nascondono i fallimenti; invece, vale la pena di mostrare gli errori o i risultati deludenti che si ottengono quando non si verificano tutte le situazioni favorevoli citate.

Le immagini di questo libro sono una selezione delle migliori ottenute in oltre cinque anni di osservazione del cielo. L'esperienza dell'astrofilo conta nell'evitare gli errori tecnici banali, ma non serve a nulla se le condizioni del cielo non sono favorevoli. Questo punto affligge qualsiasi branca dell'astronomia, amatoriale e non, dall'*imaging* per pure motivazioni estetiche alla ricerca di punta. In verità, la lista degli orrori, delle foto insoddisfacenti, sarebbe lunghissima, così come quella delle notti buttate a causa del passaggio di sottili veli di nubi o delle vibrazioni prodotte dal transito di mezzi pesanti nelle vicinanze del luogo di osservazione. Tutto questo per

3.9.1. Giove ripreso in condizioni di *seeing* pessime mostra i dettagli impastati.

3.9.2. Riprese *deep-sky* non proprio ottimali (colonna a sinistra). In questi casi, l'unica variabile non controllabile, il *seeing*, non influenza più di tanto i risultati. Gli errori più comuni sono quasi sempre evitabili e spesso sono imputabili a sottoesposizioni (prima immagine), a elaborazioni non adeguate (seconda immagine) o a un cattivo inseguimento (terza immagine). A volte, satelliti e aerei possono rovinare anche un'immagine tecnicamente impeccabile (terza immagine, colonna di destra).

3.9.3. Immagine della cometa Q4 Neat in cui è visibile una notevole vignettatura, cioè una caduta di luce ai bordi. Per correggere questo tipo di riprese è sufficiente calibrare con una ripresa di *flat field*, da realizzare in fase di acquisizione.

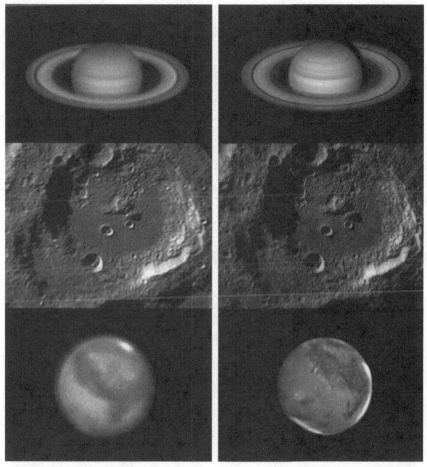

3.9.4. Saturno, Luna e Marte, nella colonna di sinistra, appaiono molto diversi rispetto ai corpi nitidi e ricchi di dettagli della colonna di destra. Le riprese a sinistra, influenzate dalla turbolenza atmosferica, purtroppo sono la norma: la scarsa qualità prescinde dall'abilità dell'astrofilo o dalla bontà del telescopio. Si deve essere pronti a sfruttare i pochi istanti di stabilità atmosferica che si verificano in molte ore di osservazioni.

dire che l'astrofilia non è sempre rose e fiori; spesso si hanno delusioni, o ci si imbatte in difficoltà ed errori che non dipendono da noi, e che quindi non possono essere corretti. Occorre pazienza e dedizione, le uniche armi a nostra disposizione e che prima o poi ci ripagheranno di tutto.

Un'ottima immagine o un progetto scientifico che fornisce risultati soddisfacenti regalano sensazioni che compensano abbondantemente tutte le delusioni passate, e spesso anche quelle future.

Govert Schilling
Caccia al Pianeta X
Nuovi mondi e il destino di Plutone

Corrado Lamberti
Capire l'Universo
L'appassionante avventura della cosmologia

Daniele Gasparri
L'Universo in 25 cm